**百科情报局** / 世界实在美,学会用脑追

《意林》图书部 编

吉林摄影出版社
·长春·

脑洞书系

图书在版编目（CIP）数据

超强大脑俱乐部/《意林》图书部编. —— 长春：吉林摄影出版社，2018.11
（百科情报局）
ISBN 978-7-5498-3830-1

Ⅰ.①超… Ⅱ.①意… Ⅲ.①思维科学–青少年读物 Ⅳ.①B80-49

中国版本图书馆CIP数据核字(2018)第237955号

## 超强大脑俱乐部
CHAOQIANG DANAO JULEBU

| | | | |
|---|---|---|---|
| 出 版 人 | 孙洪军 | 字　　数 | 235千字 |
| 主　　编 | 顾　平　杜普洲 | 印　　张 | 17 |
| 责任编辑 | 施　岚　胡晓路 | 版　　次 | 2018年11月第1版 |
| 总 策 划 | 徐　晶 | 印　　次 | 2018年11月第1次印刷 |
| 特约策划 | 王征彬 | 出　　版 | 吉林摄影出版社 |
| 设计总监 | 资　源 | 发　　行 | 吉林摄影出版社 |
| 特约统筹 | 王征彬 | 地　　址 | 长春市泰来街1825号 |
| 特约编辑 | 刘梦茹 | 邮　编： | 130062 |
| 封面设计 | 资　源 | 电　　话 | 总编办　0431-86012616 |
| 美术编辑 | 郭　宁　李雪菲 | | 发行科　0431-86012602 |
| 发行总监 | 王俊杰 | 网　　址 | www.jlsycbs.net |
| 内文插图 | yaya | 经　　销 | 全国各地新华书店 |
| 封面供图 | namm | 印　　刷 | 北京市兆成印刷有限责任公司 |
| 开　　本 | 700mm×1000mm　1/16 | | |
| 书　　号 | ISBN 978-7-5498-3830-1 | 定　　价 | 39.00元 |

## 启　事

本书编选时参阅了部分报刊和著作，我们未能与部分作品的文字作者、漫画作者以及插画作者取得联系，在此深表歉意。请各位作者见到本书后及时与我们联系，以便按国家相关规定支付稿酬及赠送样书。

地址：北京市朝阳区南磨房路37号华腾北搪商务大厦1501室《意林》编辑部（100022）
电话：010-51900482

**版权所有　翻印必究**

（如发现印装质量问题，请与承印厂联系退换）

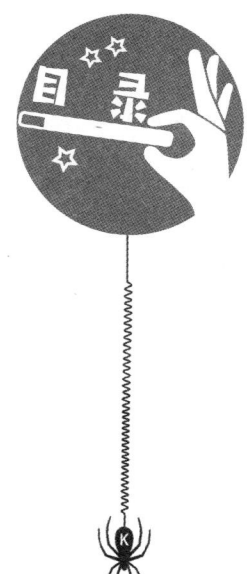

## Chapter 1
# 高手秘籍
**你智商还行，可聪明是另外一回事**

- 005 "鬼才"的背后有什么
- 009 为什么你总是学不好数学
- 015 天生聪明还是越来越有才
- 019 诺贝尔奖从搞笑到正经总共需几步
- 025 "最强大脑"离成才还有多远
- 031 论背功，古人从来都不怕
- 035 为什么读了很多书，依然学不到东西
- 041 你智商很高，可聪明是另外一回事
- 045 天才在左，疯子在右
- 051 一生只做一件事的"仙人"养成计划

**开个脑洞**

- 005 再牛的科学家也有说不清的时候
- 009 不知者无所畏
- 015 坐在马桶上更容易思考人生
- 019 手指水里浸泡起皱说明没有"神经病"
- 025 预言家的脑袋里住着什么样的"怪"
- 031 强中更有强中手
- 035 起死回生的一骂
- 041 干大事的见识不能差
- 045 左右撇子没有谁的智商比较高
- 051 金字塔的每块砖都是快乐的

## Chapter 2
# 故事思维
所有的机遇，都要你拿故事来说话

- 059 厉害的故事高手"心眼"都很细
- 063 一位古代"异次元"旅行者的一生
- 069 科学的"宇宙"原来可以很好看
- 075 那些"无用"的思想改变了世界
- 079 就是那个牛顿，到底有多牛
- 085 突然之间，人人都爱司马懿
- 091 不要只盯脚下，更要仰观宇宙星辰
- 095 成为诺奖得主的正确投胎法
- 099 阅读的才华，到底多重要

**开个脑洞**
- 059 "深入人心"需要用把什么刀
- 063 打开世界的新方式
- 069 描述一个倒霉鬼总共需几步
- 075 无关贵贱的文人趣味
- 079 别在河床上晒谷子
- 085 有名的"三国粉"向来很大牌
- 091 霍金的急智有多强
- 095 "兼职"的作家更好命
- 099 心有灵犀一点通

## Chapter 3
# 趣闻怪谈
真相只能明虚实，见识才能服人心

- 109 该不该把那个胖子推下桥
- 113 "星座"这只怪，为何人人爱
- 119 不可思议的巧合原来都有解
- 123 给声音一点颜色瞧瞧
- 127 让顾客多掏钱的菜单应该什么样

**开个脑洞**
- 109 灌输道德这件事实在"不道德"
- 113 古代也有星座"粉"
- 119 体验改进的诀窍
- 123 脑中世界大不相同的"联觉者"

| | |
|---|---|
| 131 | 食物激发天才 |
| 135 | 真实的"江湖"有意思 |
| 141 | "剁手党"一定要了解的经济学原理 |
| 147 | 小心！记忆黑客可能正在编辑你的脑 |
| 151 | 强迫症到底是个什么鬼 |
| 155 | 长得不好看，都是名字惹的祸 |

| | |
|---|---|
| 127 | 吃东西为什么不要发出声 |
| 131 | 书里的美味看起来很好吃 |
| 135 | 词人辛弃疾原是一名剑客 |
| 141 | 枪打出头鸟的"背景"究竟有多深 |
| 147 | 假作真时真亦假 |
| 151 | 史上最强强迫症患者到底有多强 |
| 155 | 霸气的名字真能"逆"上天 |

Chapter 4
人生良药
其实你不差，只是思维的弹性不足

| | |
|---|---|
| 165 | "运气"不佳，孔子怎么破 |
| 171 | 别在该用脑的时候总是凭直觉 |
| 175 | 你不是笨，只是思维弹性不足 |
| 179 | "无序"乃是第一创造力 |
| 183 | 天才们原来也是要打草稿的 |
| 189 | "带头大哥"们的成功精进术 |
| 193 | 嘿男孩，小心人设掏空你的脑 |
| 199 | 幸福的味道原来都是淡色调 |
| 203 | 觉得别人弱爆了，是种不大好的"病" |
| 207 | 跑起来，学一手神思飞扬的炼心术 |

**开个脑洞**

| | |
|---|---|
| 165 | "至圣先师"有异相 |
| 171 | 人生精进忌"假沸" |
| 175 | 不管你说得对不对，反正我对 |
| 179 | 为什么你的澡都白洗了 |
| 183 | 心灵之中有宇宙 |
| 189 | 一万小时成"大师" |
| 193 | 大佬们的大事从来也不大 |
| 199 | 中午之前洗个澡 |
| 203 | 拉了一条鄙视链 |
| 207 | 灵魂与身体要有一个在路上 |

# Chapter 5
# 时间简史

那些被命运垂青的人，看得到未来

217　好奇心驱动世界

223　"偶然"是个发明家

227　一流大学更想你"动手动脚"

231　活在电脑里的你是否还是你

235　那么皮的机器人为什么就是骑不了车

241　学习变游戏，头号玩家会是谁

247　新想法的渊源时常"旧"

251　让大脑和身体跟上节奏"轻起来"

257　为谋生该不该做不喜欢的事

261　世界属于年轻人

**开个脑洞**

217　藤蔓植物左旋右旋有道理

223　眼不细查，心不滚烫

227　从明天起，做一个幸福的人

231　"缸中的大脑"实在很玄妙

235　是人终会犯错

241　哲学家的脑袋怎么想

247　才华也是上天的一种惩罚

251　少即是多

257　在美国最有名的中国古代诗人

261　年轻不是一段时光，而是一种心态

许多所谓高智商的孩子，最终却没能获得与众不同的人生。我们怎样看待这个世界，又是如何努力的，这至关重要。或许，你要拆的，根本不是道路上的墙，而是思维里的墙。

Chapter 1

高手秘籍

你智商还行，可聪明是另外一回事

**再牛的科学家也有说不清的时候**

理查德·费曼是著名物理学家，诺奖获得者，被认为是爱因斯坦之后最睿智的理论物理学家之一。他的父亲从小培养了他独特的观察世界的方法，可以说是他人生最初的导师。

一次，费曼从麻省理工学院回家，他的父亲说："现在你在物理方面懂得多了，我有一个百思不得其解的问题。当电子从一种状态'跃迁'到另一种状态时，它会发出一个叫光子的粒子。那么，光子是预先就包含在原子之中喽？""不，光子并没有预先存在。"

父亲接着问："那么它怎么就钻出来了呢？"费曼试图解释光子数是不守恒的，它们是由电子的运动产生的。"比方说，我现在说话的声音，并不预先存在于我的身体里。"父亲似乎没太明白，并不满意这个回答。费曼后来回忆说："我始终未能教会他不懂的东西。从这方面说，他没有成功。他送我上大学去寻找一些问题的答案，自己却始终没能找到。"

# "鬼才"的背后有什么

在我出生前，父亲对母亲说："要是个男孩，那他就要成为科学家。"

当我还坐在婴孩椅上的时候，父亲有一天带回家一堆小瓷片，就是那种装修浴室用的各种颜色的玩意儿。我父亲把它们叠垒起来，弄成像多米诺骨牌似的，然后我推动一边，它们就全倒了。过了一会儿，我又帮着把小瓷片堆起来。这次我们变出了些复杂点的花样：两白一蓝，两白一蓝……我母亲忍不住说："唉，你

让小家伙随便玩不就是了？他爱在哪儿加个蓝的，就让他加好了。"可我父亲回答道："这不行。我正教他什么是序列，并告诉他这是多么有趣呢！这是数学的第一步。"我父亲就是这样，在我还很小的时候就教我认识世界和它的奇妙。

我家有一套《大英百科全书》，父亲常让我坐在他的膝上，给我念里边的章节。有一次念到恐龙。书里说，有一种恐龙的身高近8米，头宽近2米。父亲停下来，对我说："让我们想一下这是什么意思。也就是说，要是恐龙站在门前的院子里，它的身高足以使它的脑袋够着咱们这两层楼的窗户。可它的脑袋伸不进窗户，它比窗户还宽呢。"我难以想象居然有这么大的动物，居然由于无人知晓的原因灭绝了，我觉得新奇极了，一点也不害怕会有恐龙从窗外扎进头来。我从父亲那儿学会了"翻译"——学到的任何东西，都要琢磨出它们究竟在讲什么，实际意义是什么。

那时我们常去卡次基山。漫步于丛林的时候，父亲给我讲了好多关于树林里动植物的新鲜事。其他孩子的母亲见了，觉得这着实不错，便纷纷敦促丈夫也学着做。

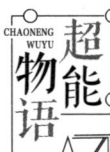

威尔逊·本特利可能是第一个意识到每片雪花都不同的人。他1865年生于美国。15岁时，妈妈送给他一架显微镜，他最着迷的是用显微镜观察雪花，后来开始给雪花拍照。他一生积累了几千张雪花的照片，没有一片雪花是相同的。

每片雪花都起始于云层中的微小冰晶，在雪花长大的过程中，每一刻所经过的地方，空气的温度与湿度都会影响雪花的形状。整个世界从古至今落下的雪花总数是十分庞大的，在那么多雪花中会有两片完全一样吗？说实话，没人敢肯定。即使在这么多片雪花中，用一般显微镜发现两片一样的雪花，使用更先进的显微镜观察，它们可能还会有些许差异。善于观察可以发现世界的许多秘密。

有一次，孩子们聚在一起时，一个小朋友问我："你看见那只鸟儿了吗？你知道它是什么鸟吗？"我说："不知道。"他说："那是一只棕颈鸫呀。你爸怎么什么都没教你呢？"其实，情况正相反，我爸是这样教我的。爸爸说："看见那只鸟儿了吗？那是一只斯氏莺。意大利人叫它'查图拉皮提达'，葡萄牙人叫它'波姆达培达'，中国人叫它'春兰鸫'。你可以知道所有的语言是怎么叫这种鸟的，可最终还是一点也不懂它。我们还是来仔细瞧瞧它在做什么吧，那才是真正重要的。"我很早就明白，"知道一个东西的名字"和"真正懂得一个东西"有区别。

他又说："瞧，那只鸟儿总是在啄自己的羽毛，看见了吗？它为什么要这样做呢？"我说："大概是它飞翔的时候弄乱了羽毛，要啄着把羽毛再梳理整齐吧。"他说："如果是那样，那么在刚飞完时，它们应该很勤快地啄；而过了一会儿，就该缓下来了。你明白我的意思吗？""明白。"他说："那让我们来观察一下，它们是不是在刚飞完时啄的次数多。"不难发现，鸟儿们在刚飞完和过了一会儿之后啄的次数差不多。我说："我想不出来。你说道理在哪儿？""因为有虱子在作怪。"他说，"虱子在吃羽毛上的蛋白质。虱子的腿上又分泌出蜡，蜡又由螨来吃。螨吃了蜡不消化，就拉出黏黏的像糖一样的东西，细菌于是又在这上头生长。"最后他说："你看，只要哪儿有食物，哪儿就会有某种生物以之为生。"他的故事在细节上未必对，但在原则上是正确的。

父亲还培养了我留意观察的习惯。有一天，我在玩马车玩具。在马车的车斗里有一个小球，当我拉动马车的时候，我注意到了小球的运动方式。我找到父亲说："我观察到了一个现象，当我拉动马车的时候，小球往后走；当马车在走，而我把它停住的时候，小球往前滚。这是为什么呢？""这谁都不知道。"他说，"一个普遍的公理是运动的物体总是趋于保持运动，静止的东西总是趋于保持静止，除非你去推它。这种趋势就是惯性。但是，还没有人知道为什么是这样。"这是很深入的解说，他并不只是给我一个名词。

他接着说："如果从边上看，小车的后板擦着小球，摩擦开始的时候，小球相对于地面来说其实是往前挪了一点，而不是向后走。"我跑回去把球又放在车上，从边上观察。果然，父亲说得没错，车往前拉的时候，球相对于地面确实是向前挪了一点。

父亲就是这样教育我的。他用许多这样的实例来和我讨论，没有给我任何压力，只是兴趣盎然地讨论。他一生中一直在激励我，使我对所有的科学领域着迷，我只是碰巧在物理学中建树多一些罢了。从某种意义上说，我是上瘾了，就像一个人在孩童时尝到什么甜头，就一直念念不忘。我就像个小孩，一直在找前面讲的那种奇妙的感受。（文/[美]理查德·费曼）

## 脑力大爆炸

费曼在自传里提到，他曾纠结于某篇艰深的论文。他的处理办法是，仔细审阅这篇论文的辅助材料，直到掌握所有知识基础，足以理解其中的艰深想法为止。这就是后来著名的"费曼技巧"。具体做法是：1.选择一个你想要理解的概念；2.设想一种场景，你正要向别人讲解这个概念，当你这样做时，你会更清楚地意识到关于这个概念你是否存在理解不清的地方；3.如果你感觉卡壳了，就回顾一下学习资料；4.为了让你的讲解通俗易懂，你必须做到能用自己的语言，而不是学习资料中的语言来解释概念，这样你才算很好地理解了它。

不知者无所畏

1796年的一个傍晚,一个不到20岁的德国学生晚饭后开始做作业。没想到,直到半夜,都没完成导师布置的三道数学题。事实上,前两题很快就做完了,难的是第三题。那道题要求用圆规和一把没有刻度的直尺画出一个正17边形。他反复尝试,直到天亮才成功。

他把作业交给老师时说:"那三道题我竟然做了一个通宵,辜负了您对我的栽培!""三道题?哪有第三道题?"当看到第三张题纸时,导师又惊又喜:"你是说,这道题你做出来了?""是的。"

老师要求学生当场画一个正17边形。年轻人立刻画了出来。老师激动地说:"你知不知道,你解开了一道有2000多年历史的数学悬题!你竟然只用一个晚上就解开了!"原来,老师一直想解开这道题,因为失误才将第三张题纸交给了学生。这个年轻人就是后来的"数学王子"高斯。他回忆说:"如果有人告诉我,这是一道有2000多年历史的数学难题,我不可能在一个晚上解决它。"

# 为什么你总是学不好数学

"数学王国的恺撒大帝",这是美国《纽约时报》给予丘成桐的称号。他当然配得上这个称号:27岁攻克世界数学难题卡拉比猜想,33岁获数学界诺贝尔奖——菲尔兹奖,45岁获数学界杰出成就奖——克拉福德奖,61岁获数学界终身成就奖——沃尔夫奖。拿到数学界这三个最重要奖项的,全球只有两人,丘成桐就是其中之一(另一人是比利时数学家德利涅)。

在丘成桐看来,"数学是有趣的,物理、化学等很多学科亦是如此"。小到比萨的拿法,大到量子力学的发展、相对论的发展,都是因为研究本身是有趣的,它让科学家产生足够的好奇。

1978年,丘成桐去芬兰拜访好友霍金,当年霍金已患有肌肉萎缩性侧索硬化症。"我见到他时,他的身体已经不能动了。他发出的声音我听不懂,要靠学生翻译。"那次见面,两人从早上九点一直谈到下午六点多,话题一直围绕广义相对论。"他从早到晚都在讲学问的事,讲得风趣幽默,护士还为他争风吃醋。"肌肉萎缩性侧索硬化症患者很少能活过三年,五年已是极限。但近40年之后,霍金依然活跃在物理学等领域。"他能坚持到现在,得有无比的毅力,更要有对科学研究无比的兴趣。"

丘成桐曾去瑞士伯尔尼参观,一个人漫步到爱因斯坦故居,抚摸着那些老家具,想了很多。"1905年,爱因斯坦住在那个简陋的房子里,花了半年工夫写了五篇划时代的大文章,从量子力学,到光电效应,再到相对论……基本上改变了20世纪的历史。但实际上,这五篇文章的研究领域,并不是当时物理学界研究的主流。他坚持在自己感兴趣的领域做研究。我坐在他当年坐的椅子上,想象着科学未来的发展方向,内心很激动。"

"好奇是学科发展最基本的动力,好奇却是现在很缺乏的东西。现在很多人做学问都有功利心,有的为了赚钱,有的为了升学。但是真正的大学问家就是为把某

爱迪生曾去拜访园艺家路德·伯班克。伯班克有一个习惯,他会邀请每一位客人在留言簿上签名留言。在留言簿上留言时,爱迪生在"感兴趣于"一栏中写的是:"一切!"爱迪生一生获得过1000多项发明专利,是做人一定要有好奇心的典型榜样。他说:"我使用的想法大部分都是其他人本身不去拓展的想法。"他对一切都好奇,都想方设法探索,这或许就是他成功的"秘诀"吧。

件事情了解清楚而做研究,他们专注于自己的研究领域,从不盲目跟从,我们要允许一位科学家完全因为好奇而去做研究。"

"君子疾没世而名不称焉。"丘成桐很喜欢这句话,年轻时他就立志"名留青史"。他说:"我父亲是个哲学教授,虽然名气不大,但他看得透彻、长远,我接受了他的想法。"

1949年,丘成桐出生于广东,后全家移居香港。父亲丘镇英在崇基书院(香港中文大学的前身)任哲学系教授,常教他诵读古文诗词。丘成桐14岁时,父亲猝然去世,丘家家道中落。从那时起,丘成桐爱上了古文诗词,"一方面是排遣苦闷,一方面因为这些是父亲教的,我突然很想了解他教我的是什么"。丘成桐读诗词古文的习惯一直保留到现在。他成了数学界一位特有的"文史学家"。

丘成桐常讲,文学和数学是相通的。数学研究什么?他用屈原的名篇《天问》作答。公元前200多年,屈原在《天问》中问了很多问题,他问宇宙的结构,他问白天黑夜从何而来。"他的问题很重要。仔细想想,我们现在的数学家也要了解大自然中存在的规律,并解释出来。所以,从这个方面看,文学与数学没有相差多远。"

谈起数学研究的重要价值,他以梁启超教育儿子梁思成的一篇文章作答。

唐朝有两位很出名的宰相,一位是姚崇,一位是宋璟,这两位宰相为唐玄宗开元之治打下了坚实基础。梁思成曾问梁启超:"姚崇、宋璟跟杜甫、李白相比,哪两位更伟大?"梁启超讲:"姚崇、宋璟的确伟大,他们影响了唐朝开元之治时期的十多年,但李白、杜甫的文章却影响了1000多年的中国文化。"丘成桐说:"从这一点,我想到好的数学研究也许能影响到整个科学界的发展。我希望我做的学问能够流传很久。"

1976年5月，丘成桐新婚燕尔，这位年轻数学家突然灵感勃发，将微分几何、微分方程、代数几何三个不同的分支融合在一起，证明了让他苦思冥想五年之久的卡拉比猜想（由意大利著名几何学家卡拉比在1954年国际数学家大会上提出：在封闭的空间，有无可能存在没有物质分布的引力场）。卡拉比猜想的证明标志着微分几何新时代的到来，一个新的学科——几何分析随之产生。27岁的丘成桐因此在世界数学界一举成名。

就在这样一个巅峰时刻，他用了北宋词人晏几道的名句来描述自己的心情——落花人独立，微雨燕双飞。"完成这个猜想时，我了解了整个数学的发展脉络，好像时空跟我融为了一体，这句诗很能表达我当时平和的心境。"

丘成桐说："科学家和文学家都面临着一个共同的问题，就是看到大自然的时候有没有自己独有的感觉，进而把这个独有的感觉描述出来。假如你跟大多数人的想法一致，那就做不出来具有创新性的成果。对我而言，文学艺术培养了我对大自然独特的感觉。"

丘成桐是哈佛大学数学系主任。他说："几年前，很多国内名校的学生到哈佛念书，考试基本上不及格，但这几年很多中国留学生有不俗的表现。近十年，中国在教育方面有很大进步……但也要承认，与欧美的数学家相比，华裔在数学界的地位并不像国人想象的那样高，这样说也许会伤很多人的心，但一味地往脸上贴金没有用。"

好的数学研究像高手对弈，思考得多才能将棋下好。"想得越多你就觉得越有意思，才有兴趣进行下去，但现在耐住性子去想的人不多。"现在很多学生认为数学艰深枯燥，以为平时生活中除了加、减、乘、除，用不到太多数学知识。

前几年，网友讨论英语、语文在高考总分中占比的问题，不料数学成为众矢之的，近七成网友赞成"让数学滚出高考"。但丘成桐的态度很坚决："学习不能是一种自由的态度，有些东西你非学不可。不念数学是极为错误的观点，在任何一个科技大国，数学都是很重要的。数学是最重要的训练人推理思维的学科，公民如果不懂得推理，国家就会失去秩序。"

如今，也有一些教育工作者认为，讨论中学、大学教科书中设置的内容时，学生也应该参与其中。丘成桐说："我不同意，学生还不能长远地考虑要学什么知识。我年轻时勉强学了一些自己不喜欢的知识，后来发现它们对我终生有用。我们教学生的内容不应当由学生来决定，这里不需要民主的观念，这里需要一个学习的态度。"（文／王媛媛 王艺锭）

## 脑力大爆炸

世界上几乎所有伟大的东西，都来自好奇心这颗种子。生活中处处都有神奇的东西，只要你真正热爱生活，生活就会真正热爱你，并用这些神奇的东西带你走有趣的路。我们要允许自己去探索一些有意思的事，很多时候正是自己最初发现的那一点"有意思"，指引着我们发现更大、更新的世界。

### 坐在马桶上更容易思考人生

美国一项调查发现,人们平均每天花在卫生间里的时间长达35分钟,并且这个时间还在不断增多。42%的人表示,喜欢在卫生间读书看报;22%的人爱在卫生间打电话;还有10.5%的人会在卫生间看视频、听音乐。有心理学家做过问卷调查,发现男性要比女性更喜欢坐在马桶上,而这很可能是因为男性承受的压力比女性更大,但释放压力的方式却更少。

除了坐在马桶上能释放压力,有生物学家发现,当身体弯曲、充满张力时,人的精力最集中,而坐在马桶上时,差不多就能让人保持这样的姿势。心理学家伊斯特·布霍兹则认为,独处是个体建构和重构自我功能的一种需要,坐在马桶上是人独处行为的一种,而独处能帮助个体自我认知、独立思考、激发创造力、提高工作效率。总之,人坐在马桶上时往往会感觉思维更活跃。这可能就是为什么不少人喜欢单纯坐在马桶上思考问题的原因吧。

# 天生聪明还是越来越有才

在芝加哥有一所高中,那儿的学生毕业前要考查一系列课程,如果某一门课没有通过,成绩就是"暂未通过"。我想,这真是个绝妙的做法,因为,如果你某门课的成绩不及格,你会想,我什么都不是,我什么都没有学到。但如果你的成绩是"暂未通过",你会明白,学习的步伐并没有停下,你还需逐步向前,争取未来。

"暂未通过"也让我联想起一件尤为重要的、发生在我职业生涯初期的事情,这件事对我而言是一个转折点。当时,我想探究孩子是如何应对挑战和困难的,因此，我让一些10岁大的孩子尝试解决一些对于他们而言偏难的问题。

一些孩子积极应对的方式让我感到震惊。他们会这样说，"我喜欢挑战"，或说，"你知道的，我希望能有所获"。这些孩子明白，他们的能力是可以提升的。他们有我所说的成长型思维模式。但另一些孩子觉得面对这些难题是不幸，宛如面对一场灾难。从他们的固定型思维角度来看，他们的才智受到了评判，而他们失败了。他们不懂得享受学习的过程，而只盯住眼前的成与败。

这些"失败"的孩子后面表现如何？

让我告诉你他们的表现。在一项研究中，他们告诉我，如果他们某次考试未通过，他们很可能会在下次考试中作弊，而不是更加努力地学习。在另一项研究中，他们挂了一门课后，会找到那些考得还不如他们的孩子，以寻求自我安慰。后续的研究陆续表明，他们会逃避困难。

科学家监测了学生们面对错误时的脑电活动图像。对于拥有固定型思维模式的学生来说，他们的脑电图几乎没有什么活动。他们在错误面前选择了逃避。他们没有积极地投入。

但请看另一方，对于拥有成长型思维模式的同学，他们相信能力可以通过锻炼

"失败乃成功之母"这句话很多人恐怕都听腻了，但这并不意味着它只是停留在字面上的"助威"。英国运动心理专家萨卡尔博士研究显示，那些在个人生活中遭遇过逆境的运动员，面对压力时表现得更好，也就是说"越挫越勇"确有科学依据。这个过程有助于培养心理上的"挑战状态"，这种状态下血液会流向大脑和肌肉。适当的负面生活经历可以让人认为未来的任务并不是那么苛刻，从而有自信、有能力去应对挑战。但萨卡尔也提醒，不要刻意"制造"太多困难，以免元气大伤，过犹不及。

得以提升。他们积极地应对错误。他们的大脑在高速运转,他们积极地投入,他们剖析错误,从中学习,最终订正。

如今我们是如何教育孩子的呢?

不是教育他们专注眼前,而不注重过程吗?不是培育了一些迷恋刷A的孩子吗?不是培育了没有远大理想的孩子吗——他们最远大的目标就是再拿一个A,心里所想的就是下一次考试?他们在今后的生活中,不是都以分数的高低来评判自己吗?答案或许都是肯定的,因为企业雇主们跑来找我,说我们养育的这新一代走上工作岗位的人,如果不给他们奖励,他们一天都过不下去。

我们该怎么做呢?

如何让孩子注重过程而不是结果呢?

我们可以做这样几件事。

首先,我们可以有技巧地去表扬:不去表扬天分或才智,这行不通,而是要对孩子积极投入的过程进行表扬:他们的努力与策略,他们的专注、坚持与进步。对过程的表扬会塑造孩子的韧性。

还有其他的办法来奖励过程。最近,我们与来自华盛顿大学的游戏研究者合作,制作了一款奖励过程的数学游戏。在这个游戏中,学生们因他们的努力、策略与进步而受到奖励。通常的数学游戏中,玩家只有在解得正确答案后才能得到奖励,但这个游戏奖励过程。随着游戏的深入,孩子们更加努力,想出更多的策略,身心更加投入。当遇到尤为困难的问题时,他们也展现了更为持久的韧劲。

我们发现,注重过程的思维模式,会赋予孩子们更多自信,指引他们不断向前,越发坚持不懈。事实上,我们能够改变学生的思维模式。在一项研究中,我们告诉学生们,每当他们迫使自己走出舒适区,学习新知识,迎接新挑战,大脑中的

神经元会形成新的更强的连接,他们会变得越来越聪明。

看看后面发生了什么吧:在这项研究中,没有接受成长型思维模式训练的学生,在这一困难的过渡阶段,成绩持续下滑,而那些受过该训练的学生,成绩强势反弹,卓有起色。如今,我们已证实这一结论,通过成千上万个孩子的实例,尤其是那些在学业上挣扎的孩子。(文/[美]卡罗尔·德韦克)

## 脑力大爆炸

失败也是一个人成长所必需的,它和成功对我们一样有价值。重要的是,不要将失败或挫折当成人生的常态,事实上它确非常态。所有的失败和挫折不过是人生链条上的一部分罢了,它不可或缺,而且当你超越这样的挫折或失败时,你就成长了一大步。人生所有的成绩,无不是如此得来的。

**手指水里浸泡起皱说明没有"神经病"**

　　游泳时你会发现，由于长时间泡在水里，你的手脚皮肤会变皱。起初，学者们认为长时间泡在水中，手脚表皮的角质层由于渗透压的作用吸水膨胀，从而导致皮肤变皱。不过，这种看法在一次意外中被打上了问号。

　　一位医生在医治神经麻痹患者时发现，这些病人受损的神经元所连接的区域（拇指至中指），不管怎么泡都不会有水皱反应。研究者意识到，水皱反应和神经有着更直接的关系。手脚泡在水中时，水分首先进入汗腺管，刺激周围的神经末梢；被激活的神经向血管发出信号，使得微动脉收缩，从而带动皮肤褶皱，就像收起的折叠伞一般。由于水皱反应和神经密切相关，所以，把手脚泡在温水中观察皱纹的有无，可用于检测糖尿病等导致的神经系统损伤。

　　还有一些学者认为，这是人类进化出来的能力，皱皱的皮肤在水下能提供比平滑的皮肤更大的摩擦力，让人类站得更稳，抓握更强。科学有时就是从这么有趣的地方开始更新人们的观念的。

# 诺贝尔奖从搞笑到正经总共需几步

　　"搞笑诺贝尔奖"虽然也叫诺贝尔奖，但与真正的诺贝尔奖没有什么直接关系，它更像是一个搞怪的游戏。这从它每年的得奖项目中就能看出端倪，诸如"几乎所有哺乳动物的尿尿时间都一样""将炸药制作成钻石的方法"等，没有一个不带有搞怪色彩。不过，"搞笑诺贝尔奖"虽然有戏谑的成分，其获奖者却几乎都是极具创意的严肃科学工作者。

　　"搞笑诺贝尔奖"获得者安德烈·海姆1958年生于俄罗斯，是真正的至情至性之人，脑中装着丰富的知识，同时又天马行空、妙趣横生。他的研究论文通俗易懂，即使非专业人士也可以阅读。而他本人有许多非常有趣的创意，看似与严肃的科学研究无关，却又能给真正的科学发现带来灵感，"悬浮青蛙"就是一个著名案例。

2000年，安德烈·海姆和英国人迈克尔·贝瑞使用磁力克服重力作用，使一只青蛙悬浮在半空，并推测使用类似的方法可以使一个人克服重力作用飘浮在空中。这背后的科学依据是：反磁性物体会被磁场排斥，当磁场足够大时，斥力就可以平衡重力。

"悬浮青蛙"实验主要利用了青蛙体内水的反磁性。在外加磁场中，青蛙体内的水表现出很强的反磁性，让青蛙能够悬浮。这个实验的难点并不是如何让青蛙悬浮，而是让青蛙稳定、平衡地悬浮，而不旋转或偏出磁场。"悬浮青蛙"曾被评为"搞笑诺贝尔奖"最受欢迎的十大成果之一。

"悬浮青蛙"实验是如此有趣，甚至让人上瘾。从那以后，安德烈·海姆开始尝试一些不合常规的实验，并且称它们为"星期五晚上的实验"。当然，这个名字并不准确，它其实意味着利用业余时间来做。因为没有什么深入的研究工作可以在一个晚上完成，实际上，它需要好几个月的横向思考，毫无明确目的地查阅不相关的文献。

"星期五晚上的实验"在大约十五年里一共做了二三十个奇奇怪怪的实验，可以想象，大部分实验彻底失败了。但有几个非常成功，其中最值得大书特书的是对石墨烯的研究——它为安德烈·海姆团队赢得了2010年度的诺贝尔物理学奖。

碳是大自然中最重要的元素之一，是所有地球生命的基础。纯碳能以截然不同的形式存在，可以是坚硬的钻石，也可以是柔软的石墨。2010年诺贝尔物理学奖所指向的，是碳的另一张奇妙脸孔：石墨烯。

想象有那么一张单层的网，每一个网格都是一个完美的六边形，每一个绳结都是一个碳原子。这张网只有一个原子那么厚，可以说没有高度，只有长宽，是二维的而不是三维的。这就是石墨烯，人类已知最薄的材料。

石墨烯本来就存在于自然界，只是难以剥离出单层结构。石墨烯一层层叠起来就是石墨，厚1毫米的石墨大约包含300万层石墨烯。层与层之间附着得很松散，容易滑动，使得石墨非常软，容易剥落。

科学家在20世纪40年代就对类似石墨烯的结构进行过理论研究，但在此后很长时间里，制取单层石墨烯一直没有成功。有人认为这样的二维材料是不可能在常温下稳定存在的。2004年发表在美国《科学》杂志上的一篇论文推翻了这种认知——当时在英国曼彻斯特大学工作的安德烈·海姆和学生康斯坦丁·诺沃肖洛夫完成了他们的"魔术"。

有关石墨烯的研究，是安德烈·海姆"星期五晚上的实验"中的一个。这个疯狂的实验最初交给一位新来的博士生来做。安德烈·海姆买了一大块石墨，让这位博士生在一台很好的抛光机上研磨，越薄越好。

3个星期后，博士生跑来说成功了。但实际上，获得的石墨片仍然厚达10微米，相当于1000层。安德烈·海姆要求这位学生再研磨得薄一点，但他没办法做

2003年，安德烈·海姆偶然读到一篇文章，其中描述了壁虎超强攀爬能力背后的原理。原来，壁虎的脚趾上覆盖着许多细微的绒毛，每一根绒毛能够和它要攀爬的表面产生微弱的分子间作用力，亿万根这样的绒毛就足以产生巨大的吸附力，从而可使壁虎爬上任何物体表面。于是安德烈·海姆设计出一种有着极小绒毛的材料"壁虎胶带"，使其具有壁虎脚上绒毛的效果。将1平方厘米的这种材料安在垂直平面上，可以吸附起1千克的重量。不过这种材料经过几次粘贴和分离之后，吸附力就会消失，但这依然启发了更多人在这个领域中进行深入研究。

到了。

这时,他们组里的博士后康斯坦丁·诺沃肖洛夫在闲聊中知道了这件事,突发奇想,要用透明胶带从石墨上粘下薄片。这样的薄片仍然包含许多层石墨烯,但反复粘上10次到20次之后,薄片就变得越来越薄,最终产生了只有一层碳原子的石墨烯。他们就是用这样一个很"山寨"的点子,提取出了世界上第一个二维的晶体物质。

这个实验的关键性设备就是透明胶带。牛津大学物理学教授保罗·拉达埃利对这两人采用的如此简单的研究方法感到惊讶:"在这个复杂的年代,有许多像超级对撞机一样的设备,但他们居然成功地用透明胶带赢得了诺贝尔奖。"

石墨烯对物理学基础研究有着特殊意义,它使一些此前只能纸上谈兵的量子效应终于可以通过实验来验证。但更令人感兴趣的,是它那许多"极端"性质的应用前景。

石墨烯既是最薄的材料,也是最强韧的材料,断裂强度比最好的钢材还要高出百倍。同时它又有很好的弹性。如果用一块面积1平方米的石墨烯做成吊床,可以承受一只猫的重量,而吊床本身重量不足1毫克,只相当于猫的一根胡须。石墨烯的导电性比铜更好,导热性远超其他一切材料。而且它几乎是完全透明的,只吸收2.3%的光。另外,它非常密,即使最小的气体原子也无法穿透。

科学家认为,利用石墨烯制造晶体管,有可能最终替代现有的硅材料,成为未来超高速计算机的基础。晶体管的尺寸越小,其性能越好。硅材料在10纳米的尺度上已开始不稳定,而石墨烯可以将晶体管的尺寸极限向下拓展到1个分子大小。安德烈·海姆已于2008年制造出1个原子厚、10个原子宽的晶体管。

再也没什么比安德烈·海姆的传奇经历更能诠释研究与游戏之间的关联了:把

游戏的趣味融入科学研究当中，不受任何约束地尝试无数种可能，未必就出不了伟大成果。当年诺贝尔奖评审委员会在新闻公告里还特意提到，把研究工作视为"游戏"是安德烈·海姆团队的特点之一，"在游戏中学习，或许有一天真的会中大奖"。（文／高存远）

**脑力大爆炸**

在一般人看来，游戏就是游戏，研究就是研究，趣味和严肃无论如何也不能硬拼到一起的，可是安德烈·海姆却向我们做了最强有力的反证。其实，诸如安德烈·海姆这样寓科研于娱乐的人，往往能开辟不同寻常的发现之旅。生活中何必总是那么严肃呢？有趣一点，轻松一点，未必就不是科学家的本色。

20世纪70年代,美国教育家马兰写了一份报告递交给美国教育部,大意是这样的:研究发现,天才基因在人群中的比例是固定的,与地理、饮食、文化、种族等因素关系不大。以此推论,中国和印度人口基数庞大,天才的数量也将是美国的好几倍。未来,美国的人才必定不是中国和印度的对手。马兰提出,美国应尽早甄别和选拔天才儿童,给他们更好的针对性教育,化解人口基数弱势带来的危机。

马兰提出这份报告后,美国教育部成立了天才教育处;1978年,美国通过《天才儿童教育法》;1987年再次通过相关法案,并拨款建立联邦办公室和全国研究中心;1990年成立了美国国家英才研究中心,开展英才教育的理论与实践研究工作……经过近半个世纪,时间证明了美国英才计划的有效性:谷歌创始人谢尔盖·布尔、著名企业家埃隆·马斯克等,这些影响当代世界的人才,都是从美国英才体系中脱颖而出的。

# "最强大脑"离成才还有多远

科普综艺《最强大脑》第五季找来100个学霸。他们在舞台上通过各种项目的比拼,把何为聪明展现在大众面前。迷宫路线、泰森多边形、小世界原理……每当选手比赛解题,网友的弹幕总是各种感叹:"题目像天书""感觉自己是文盲""智商受到暴击"……那么,我们每个普通人究竟离"天才"有多远?后天努力能否赶上?而更关键的是,从国家人才战略来说,高智商的"天才"们,是否一

定会成才，甚至成为"国之栋梁"呢？

当100名学霸按照排名站上舞台，大部分观众是蒙的。几乎所有人都在心里揣测：这100人究竟是怎么选拔出来的？仔细观察，其中不乏高考理科状元、清华北大学霸。但其中也有普通高校学生，甚至有初中生、上班族。

换句话说，这些"天才"的甄别和选拔机制究竟是什么？北师大教授刘嘉是幕后的科学团队负责人。他参与了节目全部项目的科学评估，也为甄别这100名"天才"制订了一套测试题。

选拔之初，刘嘉把测试题分为几类，如矩阵推理、类比推理、空间能力、创造力等。举一例空间能力测试题：观察一个立方体，纸面上只能看到3个面，请想象当它展开变成一个平面，应该是选项中的哪一个展开图。这些题目尽量不涉及知识点，更像常识性的"智商测试"。14岁的初中生，即便没学过高等数学、解析几何，照样可以做。他还为题目制订了评分标准，借此判断答题者在人群中处于什么位置。这100名学霸就是靠这套题目选拔出来的：初试在网上统一答题，复试坐在封闭的教室中纸面答题，确保真实。

复试通过后，选手们再来节目组进行面试。面试不再局限于"纸上谈兵"，各种微缩迷宫、方块模型等开始出现在场地上，选手一批批进去观察，递交答案。最后根据分数高低，进行100名排序。每个人亮相时，都已经附有一张分析个体思维能力的雷达图。雷达图上，谁的空间力更强，谁的推理力更强，一目了然。然而，再科学严谨的量化测试，也未必能代表一切。

当100个选拔出的"天才"集体比拼数字华容道、层叠消融等项目时，有人因过于紧张手指颤抖，按错提交按钮；有人方寸大乱，难以集中注意力，发挥失常。有排名90多的人，几轮比下来排在了前20名，也有排名前几的人几轮比赛后，反倒落在后面。于是，大家不得不产生这样一个困惑：什么是天才？能力排名强弱的意义在哪里？

多年以前,刘嘉还在北大读书。当时,他遇到一位朋友拥有"过目不忘"的才能——仅用2天时间,就能一字不落地背下从1927年到1990年的3厚本《中国人民解放军军史》。朋友说,只要看过一眼的东西,他都不会忘记。于是,刘嘉和这位朋友组队参加了一个校内的知识竞赛,结果出乎意料,连半决赛都没有进入。原因是,其他队伍中同样有人"过目不忘",且抢答速度更快。"这就是北大,不仅云集了记忆天才,而且还有各类国际奥赛得主、高考状元,可谓群星璀璨。"然而,20多年过去了,这些曾经风华正茂、挥斥方遒的同学少年,却鲜有人成为时代的引领者。天才并没有成为国之栋梁,为什么?

1921年,美国斯坦福大学心理学家推孟发起了一项名为"天才的基因"研究计划。当时,天才的定义就是智商测试超过140的儿童。研究团队多年追踪调查约1000名天才儿童后发现,一些天才儿童成年后并未取得事业上的成功,从而发挥他们的才能。

关于什么是天才,一个世纪以来,观念一直在演变。总结而言,有两个有趣的发现:第一,智商高的人,平均而言成就确实更高。简单说,基因决定了你的天花

为什么尽早挖掘天才儿童那么重要?研究表明,人脑的发育12~14岁是关键时期。美国国家科学院院士罗伯特·戴西蒙说:"大脑的认知能力大约在14岁时最强,之后每年下降。"错过这个关键阶段,再教育就迟了。所以,代表数学界最高荣誉的菲尔兹奖,考察对象规定必须在40岁之前,因为学术界公认,40岁之后,想在数学上有重大成就,已不大可能。客观上,大脑的可塑性随着年龄的增长逐渐降低,抓住黄金时间至关重要。

板在哪里。可人生特别好玩的地方在于，你并不一定知道自己的上限，所以你只能后天拼命努力。人的成长过程，或许就是一个不断去触碰极限，接近天花板，从而变成一个更好的自己的过程。

第二，每个聪明人未必拥有更好的未来。"大量心理学研究表明，一个人的成功，只有20%来自智力作用。还有80%来自非智力方面，比如创造力、领导力、抗压能力、坚毅的性格、情绪稳定性、有成就动机等。"比如《最强大脑》节目里，每每有因心理压力发挥失常的选手。所以，天才的定义，已经远远超越了智商高这个单一标准，它一定是智力因素和非智力因素的综合。

然而，摆在当下中国青年面前的第一关，还不是心理素质、情商问题。在统一的应试教育体系下，我们先天更擅长什么、不擅长什么，很少人有准确的自我认知。选手周浩，从小性格内向，不善表达。除了物理学起来稍觉轻松，其他学科成绩并不突出。一次偶然的机会，同学推荐他参加《最强大脑》的海选。笔试时，周浩的自我感觉也不好，许多题目不确定答案。一路闯到面试，他往迷宫中一站，还没看明白迷宫的结构，其他选手已经快速递交答案。

直到几天后的一个下午，周浩突然收到一条微信，"恭喜你进入《最强大脑》海选100强"。周浩觉得"一切都很魔幻"。百强选手中，他的初始排名为第96名。周浩不仅没有失望，还万分感叹道："我竟然没有被淘汰。"更意外的是，随着一期期比赛，周浩的排名不断靠前。最后，他一路过关斩将，位列《最强大脑》15强。如今回想，自己从小到大，物理题总能轻松破解；大学里设计物理实验，团队总把主要任务交给他；2017年，他作为队长，带领南师大获得了中国大学生物理学术竞赛的第一名。"我开始意识到，自己在某些领域或许比较擅长。未来，可以进一步进修物理。"

我们历来更重视整体教育水平，不重视从人群中"一眼识别"天才的机制。而事实上，对一些天才来说，别人学1年的知识，他们只要1个月就能融会贯通，非要跟着大众教育确实有些"虚度光阴"。

中国从1978年开展超常教育，北大、清华、中科大原本都有少年班，反倒是现在正渐渐萎缩。其实微软亚洲研究院前院长张亚勤、哈佛大学的年轻教授庄小威、360总裁周鸿祎等，正是来自当年的少年班。当然，并不是所有天才都会百分之百成才。美国也走过一条弯路，从最开始只强调智力，到后面强调综合能力。

在信息时代和创新时代，国家间的比拼往往是人才的比拼，而且是顶尖人才的比拼。尤其随着中国的人口红利优势逐渐消失，人口结构发生改变，年轻人口增长放缓，刘嘉强调："未来，我们不能只是强调人海战术，而不强调领军人才，这样会吃大亏。"在天才的培养过程中，我们必须不断研究哪些品质是好的，哪些教育方式是对的，最终让天才变得更厉害，让普通人变得更好。（文／龚丹韵　方佳琦）

## 脑力大爆炸

在多数人的印象里，记忆力好就是聪明，实际上不光是记忆力好才叫聪明。比如观察力、空间力、计算力、推理力等，都是聪明的衡量指标。除此之外，团队合作能力、积极的任务使命感等也都是聪明的衡量标准。不是每个人都适应奥数，不是每个人都能快速学会钢琴。意识到自己的特长是什么，扬长避短，是成长中最重大的课题之一。

**强中更有强中手**

宋代著名诗人陆游在《老学庵笔记》里记载了几则有关超强记忆力的逸事。其中一则说,肃王赵枢和沈元用一起奉命出使金国,寄住在燕山的愍忠寺。空闲时无事可做,他们就一同游览寺院,偶然发现一块唐朝遗碑,文辞优美,共有三千多字。沈元用将碑文朗诵两遍,肃王边听边走,好像全不在意的样子。沈元用比较高调,回到住处,当着众人的面将文章默写下来,记不起来的就空着,一共缺了14个字,扬扬得意。

没想到肃王赵枢看后,拿起笔把沈元用所缺的字全部补上,又改正了他写错的几个地方。改完之后将笔放下,继续和别人聊天,一点骄傲的样子也没有。沈元用看后大惊,从此不敢再如此张扬。肃王赵枢是宋徽宗赵佶的第五个儿子,在出使时被金人掳走,没有留下太多作品,非常可惜。陆游感慨道:"休夸我能胜人,胜如我者更多。"不管是比记忆力还是什么其他能力,都要知道强中更有强中手。

# 论背功,古人从来都不怕

《三国演义》第六十回讲了这样一个故事:张松去许都求见曹操,曹操见张松矮小,相貌又丑,便有意冷落他,边洗脚边接见他,使张松憋了一肚子气。次日,曹操门下掌库主簿杨修拿出曹操新著的兵书《孟德新书》给张松看,意欲显示曹操的才华。

张松看了一遍即记了下来,笑曰:"此书吾蜀中三尺小童,亦能暗诵,何为新书？此是战国无名氏所作。"杨修不信。张松说："如不信，我试诵之。"遂将《孟德新书》从头至尾背诵一遍，且无一字差错。

杨修大惊，将此事告知曹操，曹操奇怪地说："莫非古人和我想的都一样。"认为自己的书没有新意，就让人把那本书烧了。其实曹操上了张松的大当：张松用他惊人的记忆力把整部《孟德新书》硬是背了下来。

古今中外，类似张松这样过目不忘的大有人在。我国东汉时的思想家王充，年轻时看书，"一见即能诵忆"。三国时魏国的王粲，能"过目不忘"。有一次，他与朋友们看了路边的一块碑上的碑文，朋友们有意要考他一下，叫他把刚才看过的很长的碑文背诵出来，他果然背得一字不差。

美国堪萨斯州立大学的心理学研究生拉詹·马哈德万，也是个记忆力超群的人。16世纪，法国数学家费托证明，圆周率是个永无终结的"无尽数"。于是，背诵它便成了人们检测记忆力的一种方法。1981年7月5日，马哈德万在芒加罗耳一个挤满人的会议厅里，开始背诵圆周率的数值。这位印度青年轻松地背完了前面的768个数字，喝了几口饮料，又滔滔不绝地背了下去。结果，他用3小时49分钟，准确无误地背到了小数点后面31811位，登上了吉尼斯世界纪录创造者的宝座，被誉为"过目不忘的天才"。

艾德·库克（Ed Cooke）是一位有超强记忆能力的高手。在20多岁的大部分时间里，他一直雄踞世界记忆锦标赛前10名。26岁时，他萌生了与大家分享他的记忆技巧的想法，提出了一些新的记忆技巧和原则。例如，对有趣的形象或短语的联想将有助于记忆某个事实。

研究发现，若学生们在家里使用平板电脑上的应用程序练习西班牙语，几乎能使他们达到痴迷的程度，以至于老师不得不提前准备好四五节课的内容。也就是说，所有关于记忆的技巧都可能有助于人们学习与记忆，然而最大的挑战是如何让学习变得更有趣。也许这就是快乐学习的力量。

世界记忆锦标赛,是眼下全球唯一一项以记忆力竞技为主题的赛事。这项赛事最早是由脑力训练专家托尼·布赞于1991年在伦敦创办的。经过几十年的发展,这一锦标赛已风靡世界,被人们称为"脑力运动奥运会",参加比赛的都是各国的记忆力高手。

在为期两天的赛程中,他们要分别完成一系列任务,如100秒复述数字、15分钟记忆随机出现的单词、5分钟记忆80组虚拟历史事件、15分钟背诵新诗、15分钟将99组人名与相应图片配对、1小时记忆若干副被打乱的扑克牌顺序,以及凭记忆口述一长串数字等,然后一决高下。

在历届世界记忆锦标赛中,英国的多米尼克·奥·布莱恩成了最引人注目的冠军得主之一。自1994年以来,他曾连续8年夺冠。他凭借瞬间印象准确地描述出了54副扑克共计2808张扑克牌依次出现的顺序而被载入吉尼斯世界纪录。

令人难以想象的是,这位"记忆之王"并非天赋极高的人。在校读书时,他甚至被认为"诵读困难"。在他自己看来,当时的记忆力在同龄人中只是中等偏下水平。毕业后,他成了一名工人。直到1987年时,一个偶然看到的电视节目改变了布莱恩的人生。在这个名为《破纪录》的节目中,他目睹了一名心理诊所的女护士复述一副扑克牌顺序的情景。这位30岁的普通工人感到惊叹而又好奇,于是他开始尝试进行自我训练。经过3个月的强化训练,他已能快速逐张浏览后复述6副扑克牌。不久,他便出现在世界锦标赛的舞台上,开始崭露头角。

这位"记忆之王"的秘诀是什么呢?布莱恩认为,通过形象联想能极大地提高记忆力。以"怎样快速记下购物清单"为例,他的做法是:把需要记忆的对象,通过想象摆放在自己最熟悉的场景里,然后想象自己来到大街上,充分利用在这条街上能接收到的所有信息,包括街边铺面的摆设、各种声响和气味等,然后将购物清单上的物品与这些信息一一进行编码。当再次回忆清单时，这些物品就会呼之欲出，活灵活现地展现在脑海中。

布莱恩的记忆秘诀还有：用生动有趣的故事进行记忆，将自己从死记硬背的苦海中解救出来；充分利用自己左脑和右脑的资源，让它们积极参与记忆形成的过程等。这位饮誉全球的记忆大师用自己的经历和经验告诉人们，只要通过正确的训练，谁都有可能成为"记忆之王"。（文／王义炯）

## 脑力大爆炸

每个人一生中都要面对一些艰难的考试，应该如何准备？合理的建议是：制订学习计划，而不是在前一晚通过一两次紧张的学习临时抱佛脚。学习是个系统工程，缺了任何一个环节都不行。掌握科学方法练就超强记忆并不难，难的是掌握真正的知识。

新儒家学派的代表人物、著名学者徐复观初次拜见著名哲学家、思想家熊十力先生的时候，请教熊先生应该读些什么书。熊十力先生告诉他，可以读读明末清初思想家王夫之的《读通鉴论》。徐复观颇为自得地说，那书早年已经读过了。熊十力十分不高兴，说："你并没有读懂，应该再读。"

过了些时候，徐复观再去看熊先生，说《读通鉴论》已经读完了。熊十力问，有什么心得？徐复观便说出许多他不同意的地方。熊十力未听完便怒斥："你这个东西，怎么会读得进书？任何书的内容，都是有好的地方，也有坏的地方，你为什么不先看出好的地方，却专门去挑坏的？这样读书就是读了百部千部，你会受到书的什么益处？"徐复观后来回忆说，这对他是起死回生的一骂。

# 为什么读了很多书，依然学不到东西

有朋友说想读点书，问能不能介绍几本。列了个简单的书单给他。过后正好有事找他，便问了句上次介绍的书怎么样。他说大致翻了一下，感觉很多东西都是自己知道的，就没细看。听了这句话，很想告诉他这样读书很难学到东西。不知道你有没有这样的经历：读了很多书，感觉很多东西都似曾相识，甚至看到一个概念，知道它是什么意思，但真正用起来时，却又不知从何入手。

是因为书读得太少吗？不是。是因为你读书的方法不对。正确的读书方式，不是去找"知道",而是去找"不知道"。读书的本质,是获取新知。而聚焦于"知道",你能得到什么新知呢?这是一个非常简单的逻辑,但很多人不具备这样的意识。

曾看到这样一个问题:日本煮饭爷爷村嶋孟被誉为"米饭仙人",标榜匠人精神,是否过誉了?看到这个题目,第一直觉是:是不是真有这回事?是的话,这位老爷子在煮饭上有什么过人之处?但点开问题,靠前的回答都是各种揶揄。

这些态度,其实都可以归为一类——"封闭性心态"。简而言之,就是用自己熟悉的观念去解释新事物。他们喜欢从"不同"的事物中寻求"相同",自认抓住了事物的本质,并把一个新鲜的世界改造成自己熟悉、稳定的世界。

与之相对的态度,可称为"开放性心态"。这样的态度,是从"相同"的事物中寻找"不同",并且去探求"不同"的背后,有着怎样的逻辑和原因。这样的人乐于接受一个新世界,并且把认知和解释新世界看作一种有趣的冒险。

封闭性心态当然不一定不好。很多时候,它可以降低注意力的消耗,但在学习新鲜事物时,我们更需要的是开放性心态。拿前面的"米饭仙人"来说,是不是营销重要呢?我关心的是,这位老爷子是不是真有过人之处,有没有什么技巧是平时能用起来的。哪怕定性为一场营销,去分析一下背后的营销技巧,也比"营销而已,有什么好谈的"好得多。这才是学习。

读书如品茶,"玩味"才能品出"滋味"。如何玩味品读?一是"深入",反复读,笨鸟先飞;一是"对比",他山之石,可以攻玉。对比阅读,将不同性质、不同门类、不同地域、不同国别、不同时代、不同版本的书进行对比阅读,往往能起到互相补充、互相促进和转换视角的作用。对比读书法可算一种策略,能打破思维的边界,提供更多分析问题的方法。

很大程度上，我们对知识的理解是"自上而下"的。也就是说：我们大脑中的知识网络越广，越丰富，我们对事物的理解就越全面，越有效。举个例子：大学时读著名管理学家彼得·德鲁克的书，囫囵读完全套，只觉得"这些不都是套话吗，是个人都知道"。但工作了几年，了解了许多管理知识，开阔了视野之后才发现，自己以前根本没读懂。许多看似普通的内容，都蕴含着巨大的信息量，几乎每读一遍都有新的收获。为什么会这样？是因为我的理解能力变强、智商提高了吗？当然不是。是因为我的知识网络被极大地拓宽了。每看到一个概念，能够"联系"起来的知识大量增加，自然获得的收获也就更大。

无论读书还是学习技能；无论从信息中学习，还是从经验中学习，最重要的是始终保持这样的态度——这个知识点，有哪些地方是我不知道的，如何能为我所用，而不是看到任何一个知识点都往自己熟悉的概念上靠，告诉自己"这不就是那什么吗"，抱着这种态度，是无法得到新知的。你只是在不断强化已知的东西。

为什么说"开放性心态"优于"封闭性心态"呢？有神经科学家认为，我们所掌握的知识，是以"概念"和"联系"的方式储存在我们大脑中的。每一个概念就是一个点，点与点之间的连线就是概念之间的联系。这些点和线组合起来构成的网络，就是我们的知识网络。

封闭性心态，是每遇到一个新的概念，都将它拆解，用自己知识网络中已有的概念来解释、替代。它会不断地强化固有的知识联结，但并不会新增任何节点。而开放性心态是，每遇到一个新的概念，哪怕暂时无法解释，也先将它纳入大脑，作为一个新的节点，再不断尝试将它跟固有的节点建立联系。它会不断地增加新节点，扩大整张网络的范围。

所以,为什么有些人浸淫于某个行业、岗位太久就很难接受新事物了?原因就是:他们的知识网络已经被固化,很难再用"开放性心态"去理解新事物。他们更需要的是心智的稳定性。他们希望这个世界是熟悉的,能够被理解。这是一件很可怕的事。

真正善于学习的人,秉持什么样的心态呢?他们不会拘泥于"知道",也不会去寻求"相同",他们乐于接受新观点,对"不同"极其敏感。他们不会担心"自己的认知被颠覆",因为他们无时无刻不在修补和怀疑自己的认知。

当你读一本书或一篇文章时,你脑子里想的是"这些东西我早就知道了""没什么特别有新意的",就需要注意了。因为,你很可能在舍本逐末。用这样的心态读书,往往是在浪费时间。你除了强化对自己的认同,又能学到什么呢?

那么,我们应该如何读书,才能保证学到东西呢?

A.反思:辨认知识点是谁都会的事。辨认之后呢?进一步去思考:这个知识点跟我所理解的,有什么不同?不妨这样问自己:它们的表述是否一样?它们的推导是否一样?它们应用的情景是否一样?

举一个简单的例子,同样都是"贴标签","日常生活中,不要给人贴标签"和"在办公室里,如果你很内向的话,不妨找到一项技能,把它作为你的定位,让别人给你贴上标签"——这两个"贴标签"是同一个意思吗?它们矛盾吗?如果按照上面的问题思考一下,你就会发现,这两者明显是不同的。前者强调的是"不要轻率地对别人下定论",后者强调的是"让别人快速记住你,提高存在感"。重视概念之间的差别,多进行反思,这样才能真正掌握一个知识点。

B.抽象概括:进行"反思"之后,下一步是什么呢?就是去思考这两者之间为什么会有不同?如何概括它们?能不能用一个更高的模型统一起来?

举个例子，关于To do List（任务管理软件）的工具，我试用过起码20款，每一款都用了至少一个月。原因很简单。只用一款软件，我就会被这款软件的框架限制。所以，我会不断去发掘新软件，寻找它们背后的逻辑，思考开发团队的构思，并结合自己掌握的时间管理知识，去归纳、总结，抽象出一套属于自己的时间管理体系。一旦有了自己的一套体系，其实用什么软件、怎么用，都已经不重要了。飞花摘叶皆可为剑，甚至用最简单的备忘录，也能满足我的需求。这才是真正属于自己的东西。

C.应用实践：通过前面两步，得出一个抽象模型之后，下一步就是把这个模型应用到实践中。用它来理解你读到的信息，解决你遇到的问题。只有放到实践中检验，你才能发现你抽象出来的模型是否严谨、全面，是否有足够的解释力。紧接着，再在实践中，积累经验，进行反思，重新开始下一个循环。只有这样，你才能不断更新、完善自己的知识网络，让它向着更高层次伸展、蔓延。（文/Lachel）

## 脑力大爆炸

读书的方法很多，但不掌握方法等于浪费时间。成功的人可以无数次修改方法，但绝不轻易修改目标；而不成功的人总是修改目标，就是不改变方法。无论学习还是工作，都值得从中吸取教训。

干大事的见识不能差

有一个十几岁的男孩,生活在大城市,家里经济条件不错。也许是因为以前过惯了苦日子,他的妈妈竟会给家里的冰箱上锁,来防止孩子偷吃东西。有一次,男孩捡了两只流浪猫,抱回家偷偷养起来。妈妈发现的时候,小猫正在喝她杯子里的牛奶。于是当着孩子的面,她竟直接把小猫在墙上活活摔死了。这无疑给孩子留下了深刻印象,也让他的成长获得了启发。

这个大城市就是百年前的纽约,这个男孩就是以提出"需求层次理论"闻名的心理学家马斯洛。马斯洛的理论时有争议,但你得承认,它很好地描写了人与人之间的差距。有的人像马斯洛的妈妈,认为物质或金钱比什么都重要,而更高层次的人却在追求自我实现。他们之间的差距,不在钱多钱少,而在认知上。这个认知当然不是智商,而是见识。人的见识到了一定程度,就算你把他的所有资源和财富拿走,他还能像小说主人公一样干出一番大事。

## 你智商很高,可聪明是另外一回事

著名心理学家、新西兰奥塔哥大学荣誉教授詹姆斯·弗林(James Flynn)虽然已经80多岁,但他仍然定期与自己的学生开会。当然,是那些聪明的、有巨大潜能的学生。"他们拥有高超的现代技能,可一旦走出校门,他们和中世纪的农民没有什么分别,就像被抛在独自一人的世界里一样。"究其原因,他认为,这是他们用过于简单的视角看待现代社会问题。

我们是在弗林教授的儿子维克托(Victor)家进行这番谈话的,维克托是牛津

大学的数学家。他家的客厅沙发上有一本打开的书，是诺贝尔文学奖获奖作家艾丽丝·门罗的《逃离》，维克托正在读此书。《逃离》通过讲述小镇女子卡拉逃而复返的故事，为我们再次展现了人类普遍的精神困境：人们因对现状不满而出逃，却往往陷入另一个囚笼；想要的往往得不到，得到的却并非所愿。

弗林教授是当今世界著名的智力研究家。通过一系列的探讨，他发现，在过去30年，每个人——无论是非洲裔还是白种人——他们的智商都普遍提高了3个点。这就是著名的"弗林效应"——智商测试的结果逐年变好的现象。不过，没有多少人认识到这一点。"为什么心理学家们没有为此而高兴得手舞足蹈呢？这究竟是怎么回事？"因为智商提高3个点，这可不是个小数据。"事实摆在他们鼻子底下，他们却没有看见。"

长期以来，心理学家们知道基因在人类智商上所起的作用，也了解到随着年龄的增长，基因对人类智力的影响越来越大——幼儿园时期，基因的影响力微乎其微。相反，你的父母读什么书给你听，是否教你做算术，这些行为比基因更加重要。有研究表明，在幼年时期，基因对智力的影响力大约是20%。

但是，当你逐渐长大，开始独立思考，父母的影响力往往会消失，你将花更多的时间在学校里。如果你有潜能，你的大脑会在意外的刺激中获得发展，你的潜能

有研究表明，婚姻对智商的影响是立竿见影。新西兰心理学家詹姆斯·福莱恩建议，那些有结婚打算的男女，最好寻找"能让你感到智力受到挑战"的伴侣，因为"他们会带领你开辟出全新的世界"。好的伴侣能在生活中给另一半各种启迪，后者也会有机会汲取营养，不断进步。而一旦择偶不慎，则会落入"他人就是地狱"的困境，而负面情绪对智商有着极为不良的影响。

也会推动你找出新途径刺激自己的心智——你比过去更多地追求智力的提高，比如加入读书俱乐部，或者选择更高难度的数学班级，这些活动反过来提高你的智力。由此，你开始创造展现基因潜能的机会。这并不是说你的家庭对你的智力毫无影响——它依然对你进入较好学校有帮助——如果你的父母给你买很多书。你的机会越来越多，除非你失业或者被个人悲剧困扰，你的智商可能会受打击。

事实上，在同一代人中，人们往往能发现，高个子的父母会生出高个子的儿女，矮个子的父母会生出矮个子的孩子，可见基因有强大的影响力。但是，如果你对不同代的人们做比较，就会发现，孙子往往比祖父祖母高。这并非因为人们的基因改变了，而是因为现代人的生活更好了，尤其有了更好的医疗和饮食。弗林教授和他的同事假设，同样的事情正发生在人们的心智中，因为社会对认知的要求已经改变，可以通过智商衡量人的各种能力，比如说词汇量、空间推理、理论思辨和认知能力，这些都反映出一个人的智商。想一想小学课程，它引导孩子们去考虑事物的不同方面，让他们开始分门别类、按照规律将事物分组。孩子们越是这么做，他们的得分就越高。

智商在人生中是可塑的，这意味着长者依然可以提高智商。由于他们比以往更加健康、更加长寿，由于他们从事的职业对智力的要求更高，从而使他们的大脑活动更加持久，更能防止早衰。弗林教授本身就是一个很好的例子。他说："我的父亲12岁以后就不再跑步了，他70岁退休。而我的体能锻炼比他多，我一直不退休。"结果是，弗林教授的大脑更加健康，思想更加活跃。

弗林教授有一本书，就是探讨每代人智力差别的。他发现，部分智商与语言有关，父母受教育程度越高，掌握的语种越多，就越能激发孩子的基因潜能。相反，有基因优势者也会被周围环境所累，智商降低。弗林教授不是个失败主义者，他很乐观地认为，无论我们的家庭背景如何，我们都有能力提高自己的智商。

不过，弗林教授更关注的是智商与聪明的问题。他忧虑的是，尽管人们的智商比以往高，但不能更加聪明地处理问题。他说："我并不悲观，但事实上，智力问题困扰我的主要是：与以往相比，像你这样的年轻人读历史书、读严肃小说的少了。阅读文学与阅读历史，这是20世纪的人充分提升智商的重要途径。"

他认为，在形成自己对当代形势的观点前，应该把握危机所处的背景。他批评我对欧洲30年战争缺乏了解，并指出当年的战争与今天的中东冲突有很多可比性。他对我的批评相当中肯，他劝我去填补这方面的知识空白。

不管你同不同意，弗林教授并不是此观点的唯一持有者。英国作家威廉·庞德斯通也指出，日复一日的愚昧会影响我们对人生的多个领域做出决断。所以，弗林教授奉劝年轻人多多读书，这当然是没有任何争议的。（文/[美]大卫·罗宾逊）

## 脑力大爆炸

1955年，爱因斯坦去世，他生前的医生朋友托马斯·哈维，偷走了这位天才的大脑，以便研究天才的大脑和常人大脑的不同。从20世纪50年代开始，全世界都在等待哈维的研究成果，可惜的是，哈维一辈子也没发现爱因斯坦大脑的特别之处。相反，我们越来越发现勤能补拙，努力能改变生活。我们也看到过许多所谓智商高的孩子，却没能获得与众不同的人生。你是怎么看待这个世界的？你是如何努力的？或许，你根本不需要破墙的天赋，只须绕过就可以了。其实你要拆的，根本不是道路上的墙，只是思维里的墙！

左右撇子没有谁的智商比较高

　　长久以来一直有左撇子更有天赋、智商更高的说法。达·芬奇、莫扎特、居里夫人都是左撇子。左撇子更聪明这种说法，大概可以追溯到20世纪下半叶逐渐流行开来的左右脑功能理论。该理论认为，左脑主要负责语言、理性分析，右脑则更偏重于空间处理、情感、直觉和整体认知。如此看来，惯用右脑的左撇子们似乎会在智商和创造力方面更有优势。

　　有一些科学研究似乎支持这种观点，比如英国一项调查显示，左撇子确有数学天赋，当任务涉及解答较难的题目时，左撇子的表现好于抽样调查的其他参与者。不过，也有很多大型的研究指出，并没有强有力的证据表明惯用左手或右手的人发散思维更好，左撇子和右撇子在智商测试中的得分并不存在显著差异。所以，左撇子和右撇子在认知能力上是否存在差异，仍有争议。不过，即使存在，这种差距也不会很大。更何况一个人能不能愉快而有质量地生活，和本人的智商本没绝对的关系。

# 天才在左，疯子在右

　　让我们先来做一个小测试。根据前面三个算式的规律，推断第四个算式的结果：1+4=5；2+5=12；3+6=21；8+11=？

　　推理的过程是这样的。显然，第一个算式从数学上讲是正确的，1+4=5。同样明显的是，第二个算式不正确，因为2+5=7，而不是12。但正确答案7和实际给出的答案12之间的差值刚好是上一个算式的结果5。第三个也是如此。将这一规律推广到第四个，8+11=19，再加上上一个的结果21，因此答案是40。你算对了吗？实际上，只有2%的人能正确解答这个题目（上述答案并非唯一答案）。我们之所以请你做这个测试，是因为这种类型的问题是标准智商测试，即IQ（智商）测试中的典型问题。

早在一百多年前，两位科学家比奈和西蒙就开了通过解答一系列的谜题来测试人们智商的先河。然而，知识和能力都是随着年龄增加而增长的，因此很重要的是，儿童在测试中的表现需要根据实际年龄进行校正。

他们认为可以采用这样的校正方法：用代表智力水平的心理年龄（从测试中得到），除以实际生理年龄，再乘以100。这样，如果心理年龄和实际年龄匹配，那么他们的得分就是100分。智力发育超前的儿童得分会超过100分，而智力发育落后的得分会比较低。

这个方法唯一的问题是，到底该如何估测一个人的心理年龄？实际上，这个问题最终是用一个很简单的办法解决的：基于平均而言，心理年龄和生理年龄应该是匹配的，所以，可以收集某一特定年龄群的所有得分然后取平均值，作为该年龄段的预期值。因此，最后的计算方法是，用测试的得分除以同年龄段人群的预期值，再乘以100。同样，这意味着，如果得分在100分以上，你的智力就高于平均水平，如果在100分以下则低于平均水平。

不清楚爱因斯坦是否真的做过智商测试，但人们常说他的智商是160。类似的，著名物理学家霍金曾经回应说他对此类测试的结果毫无兴趣，但人们却常说他的智商也高达160。这让他们两位排在了整个人群的前0.01%。迄今，拥有最高智商的人是美国《大观》杂志的一位女性专栏作家玛丽莲·沃斯·莎凡特，她的得分高达228。在专栏中，她会解答读者们提出的各种谜题和难题。

举个例子，你或许以为白痴（idiot）、低能（moron）和无能（imbecile）这几个词的意思相同。但实际上，它们准确的定义与智商的范围有关，白痴（idiot）是指智商在0～25，无能（imbecile）指的是智商在26～50，而低能（moron）则是指智商在51～75。在智商分布的顶端则没有如此丰富的名称，但智商在140以上才被认为是天才。

高智商者有着各种各样不同的社团可以加入。高智商俱乐部中，百万智力协会是非常高级的一个，要求会员的智商在前0.0001%——名副其实的百万里挑一。最有名的高智商俱乐部当属门萨俱乐部，该俱乐部的入会门槛就适中得多了，要求在智商测试中分数达到前2%。以标准测试来衡量的话，智商数值需要达到132以上。

人们或许会觉得拥有聪明的头脑即高智商是一件好事。诚然，有研究表明高智商和优异的学业成绩、高收入密切相关。但有一句名言说得好——"天才和疯子只有一步之遥"。艺术界有很多这样的例子。除了这些逸闻，科学家们也开展了许多研究，试图揭示智商和一系列精神障碍之间的关系。然而，以往的研究得到的结果并不一致。

尽管如此，如果2017年11月发表在《智力》杂志上的一篇论文可信的话，高智商不仅与精神问题有关，与身体健康也有关。这项研究是由美国加利福尼亚州培泽学院的一个研究小组完成的。研究人员联系了美国的门萨俱乐部，让他们在线完成一个表格。总计有3700名门萨会员填写了表格。这些人很可能代表了美国门萨俱乐部的总体情况，大多数为男性，白人占82%，中年（平均年龄53岁），42%的个体年收入在10万美元以上。

研究人员通过问卷调查了他们各项疾病的发病率，并将其与普通公众的数据进行比较。问卷实际上包含两部分，其一是被调查者是否被正式诊断出有任何疾病，其二是被调查者是否怀疑自己患有某项疾病但未被诊断出来。从疾病诊出率的结果来看，高智商群体在一些疾病中表现出较高的发病率，包括情绪障碍（2.8倍于预期值）、焦虑性障碍（1.8倍于预期值）等。从疾病自我诊断情况来看，所有以上疾病的发病率还要更高，但这个比较没有什么意义，因为公众数据只有疾病诊出率。不仅如此，被调查者们更容易患哮喘（2.1倍于预期值）、过敏（可能为3.1倍于预期值）和自身免疫性疾病（可能为1.8倍于预期值）。

由此看来，高智商似乎带来了一系列的负面影响。你也许会想出一个假说来解释哮喘和其他免疫性疾病与高智商的相关性，如果一个个体投入所有的能量来从事脑力劳动，可能留给免疫系统的能量就不多了。但跟其他类似研究存在的问题一样，实际情况往往并不像看上去的那样。

第一个问题是，与公众人群相比，属于门萨俱乐部且参加本研究的人群存在明显偏差。正如该研究本身所说明的那样，这个群体中占主导的是高收入、白人且人到中年的男性群体。将这样一个群体的疾病发生率与更多样化的公众群体进行比较，显然是不合理的。

此外，把门萨会员等同于高智商也有问题。美国有大约2亿成年人，那么智商在前2%的人群就约有400万，而美国的门萨俱乐部总共只有5万名会员。也就是说，符合智商条件的人群中只有大约1%的人加入了门萨，而由于这样那样的原因，所有美国门萨会员中只有3700人参加了该项调查。这里存在许多产生偏差的可能性。

一个人想通过加入某个高智商俱乐部来证明自己的智商，这已经显示出他可能缺乏自信。因此，与那些具有同等智商，但没有感觉有必要去证明这一点的人相比，如果这些加入了高智商俱乐部的人显示出一系列情绪和焦虑障碍，并不会让人感到意外。

到这里，不难看出，"天才与疯子"关联的证据根本站不住脚。高智商人群可能会有精神障碍和健康问题，但也可能完全没有。然而，如果你头脑聪明，并且觉得有必要加入高智商俱乐部来展示这一点的话，那么你的智商和精神障碍之间的关联可能就进一步坐实了。（文/［英］约翰·斯皮克曼）

## 脑力大爆炸

人与人之间确实是有差别的，包括智商上的差别。但很多成功人士，往往不是聪明到极点的人。成功靠的绝不仅仅是一个人的智力，也包括一个人对社会的理解、对人生的感悟和对困难坚韧不拔的态度。而这一切对习惯了凡事都能轻而易举完成的人来说，反而比较难。所以，聪明人要成功也需要下一点笨功夫，让自己更稳健、更坚实地成长，向上。

# 开个脑洞

### 金字塔的每块砖都是快乐的

埃及金字塔堪称建筑史上的奇迹,要完成这一艰巨工程,其难度不可想象。古希腊学者希罗多德记载金字塔由奴隶建成,人们一直对此深信不疑。但1560年,有个叫塔·布克的钟表匠,在游历金字塔后断言:金字塔的建造者,应是一批欢快的自由人。

1536年塔·布克因反对罗马教廷的刻板教规被捕入狱。他是一位钟表大师,入狱后被安排制作钟表。在那个失去自由的地方,他发现无论监狱采取什么高压手段,都不能使他们制作出日误差小于1/10秒的钟表。起初,塔·布克把它归结为工作时的环境。后来,他们越狱逃往日内瓦,发现真正的原因并不是外在环境,而是钟表制作者的心情。一个钟表匠在对抗和憎恨中,要锉磨出200多个精准的钟表零件,难于登天。所以,难以想象,一群充满对抗思想和懈怠行为的人,能让金字塔的巨石之间连一块薄刀片都插不进去。2003年,埃及考古发掘证实,金字塔确实是由具有自由身份的农民和手工业者建造的。

# 一生只做一件事的"仙人"养成计划

在人们的传统印象中,耗费体力劳动的工匠是无法和舞文弄墨的读书人相提并论的,尽管工匠们创造出了辉煌的物质文明。这种现象不只广泛存在于中国,在西方也一样。尤其是工业革命之后,大机器时代来临,人们常常认为工匠是该被淘汰的群体,但现实并非如此。

人们一般把具有高超手艺的人称为匠人,并将这些人身上所具有的严谨态度

和专业精神称为工匠精神。如今，人们在追求速度的同时，越来越意识到产品质量的重要性，工匠精神的价值日益凸显。日本家喻户晓的"经营之圣"稻盛和夫曾坦言："企业家一定要学习匠人那样的精神，拿放大镜来仔细观察作品，用耳朵来聆听每件产品的'哭泣声'。"

秋山利辉是日本最后一批学徒的代表，他认为学徒制是培养一流人才的摇篮。他创立了"秋山木工"，并制订了一套长达8年的人才培养机制。秋山利辉特别注重"匠人"的人品，坚信"一流的匠人，人品比技术更重要"。所以，他的教育过程中，用95%的时间培养人品，而只花费5%的时间在木工技能的培养上。

正是基于这种理念，他才敢于向客户承诺"提供可使用100年、200年的家具"。为此，秋山利辉制订了"30条家规"，阐述的都是一些基本的做人准则，旨在帮助学徒在做人的基础上实现技术的进步。他在"30条家规"中要求人开朗积极、注重时间、有责任心、懂得感恩，这些都是做人的基本准则，也是磨炼匠人心性的重要方面。

很多时候，即便人们对自己所从事的工作付出了很大耐心和专注力，也很难在短时间内收到立竿见影的效果。这样一个漫长、煎熬的过程，需要有足够的勇气和强大的内心，往往很少人能坚持下来。活着是一种修行，工作也是如此。

资料显示，截至2016年，年限达到200年以上的企业，日本最多，有3000多家，德国有800多家，荷兰和法国都有近200家。为什么这些国家的长寿企业那么多？仔细分析不难发现，他们都在传承工匠精神。

英国的企业中就有非常优质的代表。萨维尔街西装已成为世界男装的典范。萨维尔街位于伦敦市的中心位置，是一条300多米长的大街。这条街上出品的西装是身份的象征。英国首相还有英国的王储都穿过萨维尔街出品的西装。萨维尔街制作西装已经有几百年的发展史,完美是老工匠们不懈的追求。

有一位英国记者曾经拜访过街上的一家百年老店。店铺的伙计对记者说,为了制作出一套完美的西装,裁缝可以一天工作12个小时以上,西装的品质必须是一流的。每个裁缝都有自己的位置,都要拿出看家本领。通常情况下,一位客人定制西装要等待好几个月,从量体裁衣到穿上衣服,都需要良好的耐心。全定制西装最基本的标准是不能在衣服外部看到车线,扣眼周围的线均为手工缝制。

什么是工匠精神的核心?答案或许是精进。精进,即通过兴趣热爱、自律自省、强大心理与抗挫力,不断推进自身在本职岗位和本专业领域内锐意进取,贡献价值。工匠精神,就是追求极致的精神,不仅专业而且专注。

在日本,一个人一辈子只做一件事的情况很多。有一家咖啡店,老板100多岁,做了60多年的咖啡。还有一位80多岁的老人,30多岁学习煮饭,之后的50多年他只是认真把一件事做好,那就是煮白米饭。后来,他开了一家饭店,每天去买饭的人,要排很长的队。这个人就是村嶋孟。他是日本家喻户晓的"煮饭仙人",

公元578年,韩国移民木匠柳重光在日本成立建筑队,专注建造木质寺庙建筑,这就是后来的金刚组株式会社,至今已有1400多年历史,是世界现存最长寿的企业。金刚组建造的建筑,采用世代传承的古法手工制作,完全不用钉子衔接,目的是百年后修复保持最佳效果。很多日本古建,今天检修时,拆开柱子与横梁连接的部位,往往能见到金刚组前代人留下的文字信息。金刚组工匠介绍说:"千百年前的金刚组师傅们,就是这样告诉未来工匠的——这个时代是我们创造的。"在一个桐木箱子中,至今保存着1801年金刚组第32代总裁金刚喜定的家训,包括敬神佛和祖先,节制和专注本业,待人坦诚谦和,表里如一。

他煮出的米饭被尊为"银饭"。

村嶋孟表示,自己年轻时历经战火,曾沦落至捡面包配杂草充饥的地步,"能吃到一碗热腾腾的白饭,就是人生一大幸事"。为此他对米饭的感情尤为笃深,他至今沿用古法蒸米饭,清晨取水、选米、泡米40分钟、用力淘米搓去外层影响口感的单粒淀粉,生米下锅,先小火,后转大火……他烧米饭不用电饭锅。"煮饭仙人"每天凌晨四点钟就要开始准备当天的厨房工作,如此坚持了几十年之久。

有人说,他能做出那么好吃的米饭,是因为当地的水好、米好。村嶋孟一句话也没说。2016年,他背着他那口老锅来到北京。为了煮出好吃的米饭,村嶋孟花费心思反复尝试,根据中国大米作物的特点改良技艺。他在北京用炉灶进行了反复尝试,当他将大米的浸泡时间从在日本时的40分钟延长为1个半小时后,终于在2017年3月,第一次煮出了受其认可的白米饭。在村嶋孟公开演示的体验现场,揭开锅盖的瞬间,一锅白米饭喷香四溢、米粒光泽饱满。凝神驻守在灶台前的村嶋孟,须鬓皆白,安静地专注于每一个动作,雾气缭绕中确有"仙人"之感。在现场吃过白米饭的人,无不啧啧称赞。

像村嶋孟这样的"工匠",在日本社会广受推崇。有日本媒体形容,每当他在蒸汽腾腾的厨房中,赤裸上身坚守在白米饭锅旁控制状况时,就犹如一尊捍卫日本稻米文化与料理传统的雕塑般巍然矗立。(文/付守永)

## 脑力大爆炸

一个人所做的工作就是他人生态度的表现。想要距离成功更近,就必须有持续的热情和不懈的努力,更要时刻保有积极进取的精神。培养一个技术优秀且会做事的人并不难,难的是培养出具有一流技术,还能好好做事的人。

人人都是自己的历史学家。我们所能写的最好故事,也许是当自己还没停止思考的时候,用人生演绎一段传奇。或许这传奇不像历史上的英雄史诗般跌宕起伏,却足以令自己欣慰。

Chapter 2

故事思维

所有的机遇,
都要你拿故事来说话

欢迎时间旅行者

我等了很长时间,
但没有一个人露面

**"深入人心"需要用把什么刀**

美国著名作家约翰·加德纳将细节比作"证据"。他说:"小说家给我们交代了克利夫兰（或其他任意一个故事背景）的街道、商店、天气以及其他方面，并描述了小说角色的相貌、手势和各种经历，使我们不禁感觉到他讲的故事像是真的一样。"当一个细节能调动我们的感官时，它就是"确切"和"具体"的。细节应该被读者看到、听到、闻到、尝到或触摸到。

契诃夫说过一句名言：如果在第一幕中，一支手枪被放在了一件斗篷上，那么它必然会在第三幕中射出子弹来。细节之所以重要，还因为它能暗示故事情节的发展。

不是说一个作者永远不能表达笼统的看法或进行评判，只是这些抽象概括最好通过读者的感官来实现，就像"我闻到了鸡汤和热油的味道，这是浓浓的爱和理解的味道"。通过细节，这些抽象的特征才会入心，活灵活现。用好细节，你的小说或故事就成功了一大半。

# 厉害的故事高手"心眼"都很细

1896年，有个小男孩6岁了，要和他的兄弟姐妹们合影。小男孩非常重视，这么一个大家族，以后别人看到照片，找不到我怎么办？于是他在拍摄的时候，伸手去够旁边的桃树枝。他成了这一堆小孩中，唯一手拿桃花的人，这样别人就能找到他，他也能找到自己。这个小男孩叫陈寅恪，是我国首屈一指的历史学家。他6岁的时候就知道如何将自己嵌入历史。我们就聊聊这样的细节，大体分三种：第一种

是创作中的细节,第二种是历史中的细节,第三种是深深嵌入生活的细节。

在一本长篇小说中,男孩女孩去公园草地上坐。女孩困了,眯着眼睛睡着了,男孩就拿一本杂志给女孩挡太阳。这个女孩睡了一刻钟,两刻钟,三刻钟,这个男孩举得累了,就换只手继续举着。女孩快醒了,这时男孩有两种选择:第一种,继续举着,直到女孩醒来;第二种,赶紧收回手,装作什么都没发生。你会当哪一种男生呢?都可以,无论哪种都是细节的魅力。

冯骥才写过一篇短篇小说,叫《高女人和她的矮丈夫》,很朴实的爱情故事:高女人去世了,矮丈夫表现得也不是多伤心,但有一个细节,下雨的时候,他下意识还是把伞举得很高,远远超过了他需要的高度。

契诃夫的笔下有很多奇葩,一位先生爱慕一位女士,有一天女士来他家做客,走后落了一把遮阳伞。要么留下伞作纪念,要么追上去把伞还给人家,都是正常的。契诃夫写的是,这位先生把这把遮阳伞撑起来,在客厅的沙发上坐了一晚上。这是一个外人觉得凄凉,他自己觉得很幸福的晚上。

类似的还有一个故事,一位男士住在公寓楼里,不久,隔壁搬来一位女士,两个人只在电梯里打招呼。后来这位女士开始带男伴回来,结婚,生子,这位女士变成了老太太,这位男士终身未娶,成了老头。老头退休了要去周游世界。有一天楼上漏水,必须进这个家门,公寓管理员让老太太用备用钥匙打开了门,两个人都愣

有一段文字很有意思。一个妖怪去人间吃人,手下的小妖焦急地等老妖带回来好吃的,可老妖怪回来脸色并不是很好。他连忙喝了一大杯蜂蜜,说了一句:"众生太苦了!"只这一句话,已经包含太多意义。瑞士著名作家迪伦马特,他去世后有记者去采访他的遗孀,问她伤心吗,她说:"我家的书桌现在显得太空旷了。"台词艺术就是这样的,你能够用多轻的笔触勾勒出伤心,它就能多重地点中别人的死穴。

了:这面墙上画了一道门。他一直幻想着跟自己喜欢的女人同处一个家庭,推开墙上的门,就可以到达对方的世界。

我又想到郭靖和黄蓉最开始的见面,郭靖一开始不知道黄蓉女扮男装,直管人家叫黄兄弟。他在街上看到很好的点心,就拿了几块揣在怀中,准备拿给他的黄兄弟吃。中途历经艰险,打了很多架,点心被压扁了,最后他不好意思地说:算了,你别吃了,扔了吧。这时黄蓉已经换了女装,一边吃一边掉眼泪,说:"从来没有人这么待我,为我打包东西。"她觉得这事很重要。

男生能为女生做什么呢?王家卫的电影《重庆森林》里,王菲成了一个田螺姑娘,潜入梁朝伟家里,给他收拾屋子。有一天,猝不及防,她出门时他进门,两个人僵在那儿。王菲很紧张,小腿抽筋了,梁朝伟就把她请到沙发上去,帮她揉小腿肚子。这一段很有意思。梁朝伟这个动作不带一点邪念,满满的都是疼惜。王家卫的电影能看无数遍,私人的一些小情感,他会郑重其事,像面对大爆炸一样拍。

作品中很多细节,有些导演直接点明。比如张艺谋的影片《老井》,故事里旺泉本来和巧英姑娘好了,但为了家庭,不得已娶了一个小寡妇,愧对前女友。有一天,他背着青石板在大太阳下走路,看见前面有人挑水,就讨口水喝,结果那人是前女友。这女孩盛了一碗水,把围巾上沾的杂草抖落在水里,给旺泉喝。后来他俩被困矿井,在这一刻所有的前仇旧怨勾销了。旺泉问:"为什么你给我盛碗水还糟践人?"巧英答:"你在太阳地走了这么长的山路,喘成那样,所以我抖落点草,让你缓缓地喝,气儿才能喘匀了。"

再谈点历史细节。很多细节,可以具象成你对历史人物或事件的模糊概念。当年嘉庆即位,和田产的两吨重的玉石还在路上。那是太上皇乾隆生前没来得及欣赏的宝贝,沿途州府付出多少劳力心血,两年还没运到京城。此刻押运官员来请旨,是否要加急运来，嘉庆传旨："一接此谕，不论玉石行至何处，即行抛弃。"什么是明智？这就是。

提起南京大屠杀，我们可以想到很多事情。有一个随军记者，走在冬天白雾弥漫的南京街头。走着走着，街上有一匹死马，他总觉得死马是在动，就觉得害怕，突然马肚子里蹿出一条野狗，跑掉了。这可是在城市里啊，如今真如入无人之境，令人震惊。

再谈一下生活中的细节。有次写东西，最后一句谈到一个观点——"刻舟求剑真君子，买椟还珠大丈夫"。"买椟还珠"真就是个十分愚蠢的行为吗？那颗珍珠真有那么重要吗？万一就喜欢那个盒子呢？不接受世俗的价值体系，或者是限制接受别人的价值体系，自己另有天地，祝福每个人都能这样。

生活中的很多人容易画地为牢，每天就像活在团体操里。这样很容易被埋在里面。为什么我们和别人要活得特别一致呢？为什么我们不能活出自己的细节呢？汪曾祺讲过一个小故事，有一个农民叫朱小山，他种豆子，在地里撒满种子后，把剩下的那一把放在石头下。过几天回来后，发现石头离地一寸，是被豆子顶起来的。朱小山特别激动，到处拉别人来看，一个严肃的乡间老师质问他："你到处说豆子的事，是要说明一种什么哲学吗？"朱小山说："我就是想表明我的惊奇。"

讲了很多豆子一样的故事，希望有几个在你心中发芽。为什么呢？我只想表达我看到这些细节时的那种惊奇。（文／史航）

所有研究过写作或讲故事艺术的人都会同意这一点：要引起读者注意并让其保持注意，最有效的办法就是让故事细致、确切而具体。最伟大作家的写作之所以有效力，在很大程度上是因为他们善用细节。没有细节，就没有生动而令人感同身受的故事和文学。

打开世界的新方式

说起自驾游，现代人再熟悉不过了。其实这种时尚的出行方式古代很早就有了，那还要回到遥远的西周时代。周王朝第五位帝王姬满，是我国历史上最富传奇色彩的帝王之一，世称穆天子。他曾派兵攻打西部的犬戎部落，那里的广袤世界让周穆王大开眼界，从此他彻底爱上了旅行。有一年，他为旅行做了充足准备，用天底下最好的八匹骏马组了一支豪华的车队，浩浩荡荡开始了自驾游之旅。

他过黄河往西走，沿途受到很多部落的欢迎。后来周穆王到达一个国家，那里风景如画，国主是西王母。西王母的穿着打扮与中原风格大不相同，穆天子十分痴迷。两人一起游玩，这样的日子过了很久，直到有叛乱的消息传来，穆天子才和西王母道别，结束了这次浪漫的"艳遇"，并许诺以后再来。唐代著名诗人李商隐在诗作《瑶池》里就讲述了他们的爱情："瑶池阿母绮窗开，黄竹歌声动地哀。八骏日行三万里，穆王何事不重来？"

# 一位古代"异次元"旅行者的一生

明崇祯十二年（1639年）的除夕前四日，云南大理鸡足山迦叶寺的僧房，一个五十开外、面容清瘦的人独自凭立窗前，望着熠熠星辉下进香者们彻夜莹然的火光，感慨道："此一宵胜人间千百宵！"这个人，叫徐霞客。

明神宗万历十五年（1587年），徐霞客出生在今江苏江阴。徐氏"五世以来，文豪于国，诗震于时"。徐霞客自幼好学，博览群书。在那个没有"网络直播"的

年代,要想出人头地,基本上只有一条路——参加科举。但这个当时还叫徐宏祖的孩子,给人的感觉不怎么靠谱。他似乎对出人头地不感兴趣,整天除了啃闲书,就是四处晃悠,遇山就爬,遇水就下,简直就是个不良少年。当然,徐家人并不这么认为。

徐霞客的高祖徐经,当年在没有确切证据的情况下,和著名画家唐伯虎一起被朝廷以作弊为由取消科举成绩,什么官都没做成。徐经万念俱灰,从此对科举深恶痛绝,并告诫后代:爱考不考。徐父性情萧散,常观山赏湖,悠然自得。徐霞客十九岁时,其父去世。

徐母的心胸也很豁达。徐霞客决定放弃科考,去寻访名山大川时,难免会想到圣人的话——"父母在,不远游"。然而徐母却说:"男儿志在四方,你当往天地间一展胸怀,怎么能因为我而无所作为呢?"正是家人难能可贵的胸襟卓识,造就了徐霞客传奇的一生。

徐家此时已家道中落,顶多算是中产阶级。决心作万里之游的徐霞客,穿着简朴的衣服,没带太多的盘缠,独自前往未知之途。就这样,徐霞客从士大夫的附庸生活中脱离出来,开始了他伟大的历程。临行前,徐霞客与母亲约定,在春草初萌时出游,在秋叶染霜时归来。

相信他出门的那一刻,心里是伤感的,对母亲是放心不下的。想到即将面临的困难和痛苦,他也许挣扎和彷徨过,却依然选择了属于自己的路。这是一种纯粹的信仰、是真正的勇敢。

就从这里出发吧。这一年,他二十二岁。此时此刻,他并不知道自己正在创造一段传奇。他只觉得从这一刻起,他混沌飞扬的心,觅得了皈依。

这一走,就是二十多年,除了每年年底回家照顾母亲,一年到头在外面。徐霞

客的足迹，东到今浙江的普陀山，西到云南的腾冲，南到广西南宁一带，北至河北蓟县的盘山，遍及大半个中国。大明十三省，全部走遍；三山五岳、长江黄河，全部游历。简单点说，你听说过的，他去过；你没听说过的，他也去过。

在二十多年的游历生涯中，他主要靠独步跋涉，自己扛着行李赶路，风餐露宿，涉过了三千道水、问过了十万回路。其间，他曾三次遭遇强盗，四次绝粮。没粮食了，他就用身上带的绢巾换几竹筒米；没旅费了，他就用身上的衣服换几个钱，甚至用野果充饥，清泉解渴。

有人会问：他这是图什么呢？据史料记载，徐霞客的游历是为了寻奇访胜，探索大自然的奥秘。诚然，我们已经习惯了带着一定的目的去做事，已经习惯了去问别人或自己，这样做有什么用，但我们有理由相信徐霞客的初衷，只是听从了内心的声音：出发！

徐霞客在游历的过程中，每天的经历，他都会详细记录下来。他所做的笔记，据说总共有两百多万字，保存下来的，有几十万字，被后人编成《徐霞客游记》，翻译成几十国语言，流传世界。

崇祯九年（1636年），四十九岁的徐霞客选择再次出游，这将是他人生中最后

徐霞客曾两次游历黄山。登顶天都峰，徐霞客感觉"万峰无不下伏，独莲花与抗耳"，再爬上莲花峰顶，果真发现"其巅廓然，四望空碧，即天都亦俯首矣""峰居黄山之中，独出诸峰上"，因而得出莲花峰是黄山最高峰的结论。这一发现令今天的测绘专家也啧啧称奇，因为现代化技术测定，莲花峰海拔为1864米、天都峰海拔为1810米，两峰高度相差54米，而两者相距1100米，一般人是很难通过目测准确做出判断的。徐霞客的科学考察能力可见一斑。

一次出游,尽管他自己当时并没这样想。而这段旅程,也因为一个法号静闻的僧人的加入,变成了一段生死之旅。

静闻,南京迎福寺僧,禅诵近二十年,甚是虔诚,刺血书成《法华经》一部,欲奉于鸡足山迦叶道场。他听说徐霞客去过鸡足山,遂找到他,要与其为伴,同往鸡足山。徐霞客答应了。

一路上,两人"晓共云关暮共龛",相得甚欢。这本来应是一段颇为愉快的旅程。然而命运无常,第二年初春,二人在湖南湘江遭遇盗贼,静闻舍身向盗贼乞求,保住了佛经和徐霞客的重要书籍、文稿,他自己也因此负伤。

到达广西后,静闻受伤的身体虚弱不堪,没过多久,就圆寂了。火化掉静闻的尸身,带着静闻的骨殖和他刺血书成的经书,徐霞客继续上路了。此时的他已经没有了盘缠,前方困难重重。本应该停下来或中途折返,但他没有。

"分袂未几,遂成永诀",他心中甚是悲伤。

为了逝者的遗愿和自己的承诺,他独自按照原定路线,继续走了下去。他翻越广西的十万大山,进入四川,登峨眉山,涉岷江、澜沧江、丽江,过西双版纳。茫茫千山万水,沉沉万绪千思,终于到达了鸡足山。迦叶寺里,他奉上静闻的经书,兑现了自己的承诺。

在鸡足山,徐霞客病了,但他没有回家,而是选择继续前行。既然已经到了这儿,能走多远,就走多远吧!他又行进了约半年,翻越了昆仑山,游历了几个月后,他再次病倒。长期的旅途生活燃尽了他所有的精力,在病情加重的情况下,他被当地人护送着踏上了归途。

"不可再酬峨眉之愿,遂止于鸡足。"再看一眼大地山川吧,那里才是你真正的归宿。回家没多久,徐霞客于崇祯十四年(1641年)病重逝世,年五十四岁。

临终前,他说:"汉代的张骞,唐代的玄奘,元代的耶律楚材,他们都曾游历天下,他们接受了皇帝的命令,受命前往四方。我只是个平民,没有受命,只是穿着布衣，拿着拐杖，穿着草鞋，凭借自己，游历天下，故虽死，无憾！"是该搁下了。高山之巍峨，流水之奇险，灵怪窟宅之渺，本属天地，就还诸天地吧。

曾在某本书里看到这样的文字——对于徐霞客来说，后人记住并在意的，是他的《徐霞客游记》，而忽略了他本人。确实，他遵从自己内心真实的感受，用属于自己的方式，找到了活着的核心。至于后人记住了什么，又遗忘了什么，对他来说，怕是太轻太轻的事。（文／南山二哥）

龙虎本在人的内心潜伏，有的胎死腹中，有的虎啸龙吟。美国作家凯鲁亚克在他的代表作《在路上》中写道：你的道路是什么，老兄？乖孩子的路、疯子的路、五彩的路、浪荡子的路、任何的路。成功并不意味着成为概念或世界的俘虏，而是实现深层的自我。

描述一个倒霉鬼总共需几步

一个倒霉鬼跑到火山周边玩耍，一个跟头跌了进去。他会像《魔戒》里的咕噜那样沉下去，还是会浮在熔岩表面？想要在故事里描述这样简单的情节，你首先必须知道熔岩的密度非常高，是水和人体密度的两三倍，而且它还比水黏稠成千上万倍。以此推论，他会浮在岩浆表面，身体迅速起火，直至化为灰烬。

不过，研究人员还是做了一个实验，将装有30千克剩饭剩菜和其他有机物的袋子扔到熔岩湖，用来模拟相同体重的人掉下去会发生什么。结果，袋子从80米高空坠下，在熔岩湖表面的熔岩壳上撞出了一个洞口，燃烧着的袋子径直沉入了熔岩池里。袋子之所以能进入熔岩内部，是由于袋子燃烧起来后，产生的蒸汽触发熔岩，熔岩喷涌而出，形成了洞口。这说明，掉入熔岩的人可能会穿透表层的熔岩壳，并淹没在滚烫的熔岩中。科学显然是幻想和想象的基石，没有科学做依据，即便简单的动作，你都难以想象该如何发生。

# 科学的"宇宙"原来可以很好看

《蓝色星球》是BBC（英国广播公司）旗下的自然历史组担纲制作的一部史诗级纪录片。第一季首播于2001年，上映后在全球范围内引发了"海洋热"。10多年后，BBC再次把镜头对准了海洋，只不过镜头后面的机器已经从当年的16毫米胶片摄影机变成了6K高清数码摄像机，拍出来的影像即使在IMAX（巨幕电影）屏幕上也能做到画质清晰。

当然了，BBC纪录片之所以吸引人，绝不仅仅是因为画质好，更因为自然历史类纪录片具有很强的科普和教育功能。南部非洲的一处冲浪胜地之所以被BBC导演看中，不光是因为浪大，更因为那里是海豚最喜欢的游乐场。每当巨浪来袭，总能看到一群海豚在浪花里蹿来蹿去，像在冲浪。这一独特行为才是BBC最关心的，也是观众最想看到的。

为了尽可能拍出想要的效果，BBC的分集导演们可谓绞尽脑汁，专门请人设计制造了很多"秘密武器"。比如，为了拍出海洋生物捕猎时的动态画面，BBC设法把微型摄像机安装在虎鲸和金枪鱼的背上，让观众跟着这些海洋猎手一起去抓鱼；为了拍出珊瑚礁的细节，BBC专门设计制造了一种能在海底使用的高清探针摄像头，将其插进珊瑚礁的缝隙之中，可以拍到生活在那里的小鱼小虾……

BBC不但想方设法把这些表层海水中肉眼可见的景象拍得好看，而且把深海中那些肉眼看不见的景象也拍了出来。"BBC在拍摄技术和设备上不惜重金，绝不仅仅是为了拍出好看的大片，更是因为这些技术和设备能够帮助我们更好地讲故事。"《蓝色星球》第二季总制片人马克·布朗罗说："比如，我们之所以冒着风险近距离拍摄海豚冲浪，是为了让观众相信海豚确实只是在玩，没有其他目的。"布朗罗继续说道："当然这不仅是我们的看法，科学家也这样认为。事实上正是他们建议我们拍摄这组镜头，为我们提供了这个好故事。"

布朗罗最喜欢用的词就是"讲故事"，仿佛他不是在拍野生动物纪录片，而是在拍电视剧。动物故事当然不可能像人类电视剧那样一波三折，但这个关于海豚冲浪的故事同样充满戏剧性，其背后的内涵更为深刻。

此前人们普遍相信地球上只有人类才会把时间花在"没用"的事情上，其他动物的所有行为都是为了生存或者繁衍后代。但随着研究的深入，科学家越来越相信海豚也会把时间花在娱乐上，比如冲浪。迄今为止没有任何科学证据表明海豚来这里冲浪有实际意义，它们纯粹就是来找乐子的。动物居然也会做"无意义"的事情，这件事实在是太有意义了。

海豚属于哺乳动物，脑容量大，智商高并不奇怪。那么，接下来的一幕则把观众彻底看傻了。这个故事发生在澳大利亚的大堡礁，那片海域里生活着一种鞍斑猪齿鱼，成鱼体长40厘米左右，长得呆头呆脑的，一张嘴我们就能看到几颗米粒般的小碎牙。这种鱼最喜欢吃蛤蜊，而光凭那几颗小碎牙肯定是咬不开蛤蜊壳的。但是别急，只见一条猪齿鱼从沙子里挖出一只蛤蜊，用牙叼着游到了一个碗状的珊瑚礁里，然后它使劲儿一甩头，把嘴里叼着的蛤蜊甩向珊瑚礁，一次不行再来一次，几下之后蛤蜊壳就被坚硬的珊瑚礁撞开了。

这是个偶然行为吗？显然不是！这条猪齿鱼每次都会把从沙子里找到的蛤蜊带到这个碗状珊瑚礁里，不管距离有多远；而且珊瑚礁内已经有好几块蛤蜊碎片了——说明这个小家伙知道这是附近海域质地最硬的珊瑚礁，最适合用来砸蛤蜊。

这说明了什么？说明这条小鱼居然学会了使用工具！此前科学家们只知道灵长类动物和少数鸟类会使用简单工具，鱼类使用工具的案例极其罕见。BBC拍到的这段视频是人类第一次用专业的影像设备记录下来的鱼类使用工具的证据，完全可以

稍微留意就会发现，很多食物在如今的电视剧、小说中都在玩"穿越"，讲科学才能避免这样的低级错误。比如主食，大米是我国土生土长的作物，原始社会就有，但另一大主食作物小麦却是"外来户"，而且在小麦刚出现时人们还吃不上馒头、面条，直到东汉它们才出现在人们的餐桌上。至于菜肴，韭菜在西汉就可以吃到，但如果你爱吃西红柿炒鸡蛋、炝炒土豆丝、辣子鸡丁等家常菜，那就要等到明清甚至民国才能吃到。因为西红柿、土豆和辣椒都是地地道道的"舶来品"。

作为科学论文的辅助材料。

精美的画面和神奇的故事是BBC自然历史类纪录片的两大金字招牌。不过这两招都是可以被其他电视台学习和模仿的,不能算是BBC的专利。BBC纪录片的独门暗器,也是BBC纪录片能够称霸全球数十年的最关键因素,是拥有纪录片界的王牌主持人大卫·爱登堡爵士,他被公认是最会讲故事的人。

如果你只看过BBC出品的那些经过中文配音的史诗级大片,比如《地球脉动》和《冰冻星球》,那你很可能错过了这个地球上最具辨识度的声音。很多欧美人都会告诉你,他们是听着这个声音长大的,其中就包括英国的威廉王子。

爱登堡绝不仅仅是个配音演员。事实上,他不但是BBC纪录片的创始人之一,而且是全世界拍摄自然历史类纪录片的鼻祖。1957年,BBC自然历史组成立,力邀爱登堡加盟。经过一番考虑,爱登堡决定接受邀请,但他坚持在合同书里加上一条:必须允许他偶尔暂停工作出去拍摄野生动物纪录片。结果他当年就去坦桑尼亚拍摄大象了。

年轻时的爱登堡算不上帅哥,但他镜头感很强,屏幕上的他总是面带微笑,极具亲和力。他的嗓音非常有特点,吐字清晰准确,又没有播音腔,听起来非常舒服。他还很有幽默感,善于从艰苦的野外生活中寻找笑点。

爱登堡本来可以一直按照这个方式拍下去,但他却不满足,试图寻找新的拍摄方式,更好地展现大自然真正的样子。1979年,一部划时代的作品《地球生命》问世了。爱登堡不再频繁出境,而是留在屏幕后面担任解说,让动植物成为画面的主角。这套片子广受好评,被誉为现代自然历史类纪录片的开山之作。

除了尊重科学和会讲故事,爱登堡还非常善于利用最新的摄影技术,无论是彩色、高清、IMAX、3D等新的技术手段,还是直升机、无人机和潜水器等新的拍摄手段，他都力争在第一时间学习采纳，因此他成了拿过黑白、彩色、高清和3D这四种格式的英国电影学院奖的唯一一名电影人。

爱登堡喜欢拍摄自然历史类纪录片，同时他也是全球知名的环保人士。由于对人类文明所做的特殊贡献，爱登堡于1985年被英国王室授予爵士头衔，还在BBC举行的"100位最伟大的英国人"投票活动中被大家选中。这份榜单上的绝大部分人都已去世，因此爱登堡被当代英国人视为"国宝"。（文／袁越）

## 脑力大爆炸

科学往往是一种颠覆，它冲击你的认知，改变你思想里的固有观念，让你感觉到熟悉的一切都充满莫测的神奇。理性远不像想象的那般无聊，逻辑也不是人们认为的那般冰冷，当你能够充分使用它们，你的表达才经得起考验，你的描述才经得起推敲。

> 1661年是顺治十八年，那年夏天，沉默寡言的牛顿被送到剑桥大学学习，同一时期，江苏地区有一个集畅销书作者、美食家等诸多头衔于一身的50岁的死囚面临砍头的命运，他就是金圣叹。金先生得知自己第二天就要被处决，便买通狱卒并一本正经地对他说"我有要事相告"，且神神秘秘地委托对方将一封遗书偷送出狱。那个心里略有忐忑的狱卒在送信前忍不住将信私拆，只见信上只有短短一句话，且令人啼笑皆非："字付大儿看，盐菜与黄豆同吃，大有胡桃滋味。此法一传，我死无憾矣。"
>
> 牛顿终生没有离开英国，却能解开宇宙的秘密，他所依靠的是理性的力量，那是17世纪人们所摇旗呐喊的科学启蒙的力量。但在东方，你能发现另一种力量同样能使一群局限多多的文人变得气质非凡，这种气质来自他们创造力十足的生活美学。一个人将死之前，遗书中没有任何只言片语提到他这一生的智慧总结，仅有一段舌尖上的美味。

# 那些"无用"的思想改变了世界

亚伯拉罕·弗莱克斯纳是美国著名医学家，他一生最大的功业，是发展了跨学科高等研究的典范——普林斯顿高等研究院。

1933年的一天，纳粹查抄了爱因斯坦在柏林的寓所，并悬赏10万马克要他的人头。当时，爱因斯坦恰好避居在普林斯顿。弗莱克斯纳得知消息后，立即找到爱因斯坦，邀请他去刚刚成立的普林斯顿高等研究院工作。

爱因斯坦提出两条要求:"第一,我要带着助手一起去;第二,年薪3000美元。"弗莱克斯纳说:"第一条,没问题;第二条,不行!"爱因斯坦说:"如果在普林斯顿一年的生活费花不了这么多,我也可以少要点。""不,先生。"弗莱克斯纳正色道,"我不同意的原因,不是您要得太多,而是太少。如果一年只给你3000美元的薪水,那么全世界都会认为我在虐待爱因斯坦!"结果,爱因斯坦在普林斯顿高等研究院的年薪,定为1.6万美元。

在普林斯顿高等研究院,没有各种行政委员会,没有例行公事,教授们甚至没有任何教学任务。据说,爱因斯坦和同事们——其中包括20世纪最优秀的一批科学家:维布伦、詹姆斯·瓦德、亚历山大、冯·诺依曼等——每天经常做的事,就是端着咖啡到处找人海阔天空地"闲聊"。很多人责备院长弗莱克斯纳,认为他花巨资请来的科学家每天"无所事事",做着毫无"用处"的事。

面对质疑,弗莱克斯纳这样回答:"先生们,在爱因斯坦诞生前100年,他的同乡高斯出生在普鲁士。高斯的非欧几何学,是整个19世纪最晦涩的数学研究。在长达1/4世纪的时间里,高斯无法发表任何相关研究成果,因为当时人们认为它们'没有用'。可是今天,全世界都知道,如果没有高斯当年在哥廷根的研究,相对论及其丰富的实用价值恐怕全都是泡影。

"而在普林斯顿,"弗莱克斯纳补充道,"行政工作被尽可能地弱化。脑中

约翰·纳什堪称普林斯顿的一个传奇。他是著名数学家、博弈论创始人。22岁时他在仅仅27页的博士学位论文中提出了一个重要概念,就是后来被称为"纳什均衡"的博弈理论。30岁时他忽然罹患妄想型精神分裂症,学术生涯几乎中断。但在普林斯顿大学看来,纳什仍是不折不扣的天才,毅然决然地收留了他。他也成了这所校园里沉默的"幽灵",偶尔在黑板上写下奇怪的数学论题。1994年,纳什获得诺贝尔经济学奖。普林斯顿对纳什的包容始终为人所称道。

无物的人、无法专注思考的人,在高等研究院是撑不下去的。我希望爱因斯坦先生能做的,就是把咖啡转化成数学定理。未来会证明,这些定理将拓展人类认知的疆界,促进一代代人灵魂与精神的解放。"

20世纪20年代的某一天,弗莱克斯纳遇到了70多岁的老绅士伊士曼。伊士曼是举世公认的大众摄影之父,柯达公司创始人。那时,他正准备把毕生积蓄的一大部分,投入美国高等教育事业,用于推动"有用学科"的发展。

弗莱克斯纳问伊士曼:"在您心目中,谁是当今最'有用'的科学家呢?"伊士曼不假思索地说:"马可尼。"在伊士曼看来,马可尼发明的机器,从根本上改变了人类的沟通方式,带给整个人类文明的影响是不言而喻的。正因如此,1909年,马可尼获得了诺贝尔物理学奖。没想到,弗莱克斯纳却说:"亲爱的伊士曼先生,在我看来,无论我们从广播中获得怎样的快乐,无论无线电和广播为人类生活带来了什么,马可尼的贡献几乎可以忽略不计。"

面对老绅士震惊的目光,弗莱克斯纳解释道:"伊士曼先生,马可尼的出现是必然的。因为在此之前,已经有一位巨人,为无线电的发明默默铺好所有台阶,只待有人登上台阶去摘取桂冠。这个人就是克拉克·麦克斯韦教授。"

正是麦克斯韦1865年对电磁场展开深奥难懂的运算,并且在1873年出版的一本专著中写下这些抽象的方程式,才使得马可尼的工作成为可能。终其一生,麦克斯韦从来不曾关心自己的研究有何"用处",从没有设定任何"实用性"方面的目标,也从来没有发明任何一样具体的东西。然而,他"无用"的理论工作一旦被某个聪明的技术人员加以利用,就能很快创造出全新的通信、实用和娱乐工具。

普林斯顿高等研究院的印章上，刻着两个单词："真理"与"美"。

在1939年那篇著名的文章《无用知识的用处》中，弗莱克斯纳这样写道："时至今日，'实用性'是我们评判某个大学、研究机构或任何科学研究存在价值的标准。但在我看来，任何机构的存在，无须任何明确或暗含的'实用性'来评判，只要解放了一代代人的灵魂，这所机构就足以获得肯定。无论从这里走出的毕业生是否为人类知识做出过所谓'有用'的贡献。一首诗、一部交响乐、一幅画、一条数学定理、一个崭新的科学事实，这些成就本身就是大学、学院和研究机构存在的意义。正因如此，我极力呼吁各位不要过于关注'实用性'的概念。诚然，某些怪异的想法可能会大行其道，宝贵的研究经费也有可能会被白白浪费。但比放纵和金钱更重要的是，禁锢人类思想的锁链得以粉碎，思想探险获得自由。"

正是凭借这份自由，卢瑟福和爱因斯坦才能披荆斩棘，向着宇宙最深处不断探寻，同时将紧锁在原子内部无穷无尽的能量释放出来。也正是凭借这份自由，玻尔和密立根了解了原子构造，并从中释放出足以改造人类生活的力量。（文／小远）

## 脑力大爆炸

纵观科学史，很多被证明对人类有益的伟大发现都源于这样的科学家——他们不被追求实用的欲望所驱动，满足自己的好奇心是他们唯一的渴望。从伽利略、培根和牛顿的时代开始，好奇心就是现代思维的一个典型特征。在整个人类文明史上，它是不可阻碍的。

 别在河床上晒谷子

惠蒂埃是美国著名诗人,从小跟父母务农。有一年,惠蒂埃帮忙晒谷子,因为路途遥远,每天一大早就得出发。惠蒂埃觉得为什么不在自家附近找一片晒谷子的空地呢?最后,他在一段干枯的河床中间发现了一大块空地,晒谷子再合适不过了。"河床上怎么能晒谷子呢?"父亲反对道。惠蒂埃解释说:"这是一段干枯的河床,根本没有水,而且上游的大坝把水拦得死死的,负责人说一个月后才会开闸放水。"

在河床上晒谷子确实省时省力,惠蒂埃非常得意。但到了第三天,惠蒂埃去收谷子时,却发现原本干枯的河床上到处都是水,哪里还有谷子。原来,由于值班人员操作失误,大坝被提前打开了。惠蒂埃很沮丧,不停抱怨那个值班员。"问题并不在值班员身上,"父亲说,"河床毕竟是河床啊。"后来,惠蒂埃写道:"永远不要在河床上晒谷子,这是对规则的违背。而自己违背了规则还寄希望于他人来为自己的不守规则负责,则是更大的错误。"

# 就是那个牛顿,到底有多牛

为什么牛顿很重要?因为牛顿不单是科学史上的巨匠、人类科学发现史上的重要一环,而且他还开启了一个时代的观念系统。说白了,他是一个转折点。

有人说过这么一段话:"如果牛顿活着的时候就已经有诺贝尔奖了,那他至少应该一人独揽四届物理学奖、一届化学奖,因为他晚年痴迷于炼金术。还应该有一届菲尔兹奖,菲尔兹奖堪称数学界的诺贝尔奖,因为牛顿发明了微积分。"

为什么说他有转折性的意义呢?牛顿1727年去世。当时,英国诗人亚历山大·蒲柏(Alexander Pope)给他写了一段很著名的墓志铭:"自然和自然的规律隐藏在茫茫黑夜之中。上帝说:让牛顿降生吧!于是,一片光明。"这很显然是一个崇拜牛顿的粉丝写给他的过誉之词,但仔细琢磨一下这段话,我们会发现这才是牛顿真实的价值所在。

在牛顿之前,人类是一个非常可怜的物种,天天在土里刨食,看老天爷的脸色吃饭。老天爷动不动就发火,像中国人讲的"天地不仁,以万物为刍狗"。总而言之,我们是在一种非常狂暴的自然力量下苟延残喘的物种,我们的生存系统非常脆弱。

但是,牛顿说:"这有什么呀?从树上掉下来的果子到海边的潮汐,一直到地球和月亮的关系,一切井然有序,都符合我在纸上写下来的这几个定律。"就是说,我们生活在一个可以用数学来推算的精密系统中,一切都是有规律可循的。

可不要小看规律这件事,人类一旦逮着这个东西,就会继续延展。我们可以看看,到今天为止,我们已经破解了自然界的多少规律。牛顿就是叩开这扇大门的第一个人。他让后来者看到,对规律的追索可以帮助人类控制自然,可以让人类社会不断地进步。所以,牛顿有多重要?

就像一个淘金潮,因为头一个人一锄头下去,挖开了一座大金矿,别管以后扑过来多少万人,功劳都应该记在这个人身上。牛顿就是这样一个人,他是第一个把自然界规律的大门敲开的人。所以,英国人可以非常自豪地说:"是牛顿找到了大自然的奥秘之钥,这是我们英国人!后来,还有个叫瓦特的英国人,就是改良蒸汽机的那一位。他拿着牛顿找到的这把钥匙打开了工业革命的大门,所以我们英国人就是牛!"

而牛顿真正牛的地方，不仅在科学界和工业界，他的影响其实已经旁及政治和社会。美国的国父富兰克林、杰斐逊那一代人，家里都挂着牛顿肖像，他们都是他的粉丝。美国第二十八任总统威尔逊讲过一句话："《美国宪法》是臣服于牛顿规律的。"

这话听起来很奇怪，牛顿规律是物理定律，跟《美国宪法》有什么关系？其实它们拥有一套思维系统。《美国宪法》是在费城制宪会议上定下来的，它后来就像一台原型机一样，仅仅是小修小补，通过一些修正案一直运作到今天。这说明了什么？说明在美国"国父"那一代人看来，不管人间万象有多复杂，都可以抽取出几个牛顿式的简单规律。我们一旦认识了它们，把它们用条文、公式固定下来之后，它们就可以永远运行。这是美国人对自己宪法的一种认识。

牛顿出生于一个挺大的年份——1642年，就是英国资产阶级革命大爆发的那年，所以牛顿生下来的时候，天下并不太平。而且，牛顿特别倒霉，在那一代大科学家中，他的身世算是最惨的。跟牛顿同时代的几位科学巨匠，比如化学科学的开山鼻祖波义耳的父亲是一位伯爵，是当时英国最有钱的几个人之一。他在豪宅中给

在自然科学教科书上，牛顿发现万有引力定律这件事与一个苹果紧紧地绑在了一起。这一故事其实有很多来源，其中一个出自牛顿传记的作者斯蒂克利。他说在牛顿去世前一年，他与牛顿在牛顿家的花园散步，来到几棵苹果树下，牛顿亲口告诉他正是在与此相同的情景下，重力的观念进入了他的大脑。"那一刻刚好落下一个苹果，他开始陷入冥思。"还有一个来源是法国著名哲学家伏尔泰。伏尔泰曾找到牛顿的一个外甥女凯瑟琳，采访牛顿一生的事迹。凯瑟琳跟他讲了这个著名的段子。伏尔泰跑回法国开始写文章，他的文笔很好，这个故事自然迅速传遍了欧洲。

儿子建造了三个实验室，波义耳定律就是这么诞生的。再比如，英国的天文学家哈雷，就是后来命名哈雷彗星的那个人，他家里也很有钱。他父亲是做肥皂生意的，家里也有大把的银子供他搞学问。

牛顿相比之下就可怜多了。牛顿出生在英格兰林肯郡的一个村庄，父母是地地道道的农民。牛顿的身世特别惨，他父亲也叫艾萨克·牛顿，大字不识一个，在他出生前三个月就死了，所以牛顿是一个遗腹子。而且，牛顿出生的时候非常瘦弱，家人都觉得不一定能养活。万万没想到，牛顿居然活到了85岁，健康而高寿。牛顿出生于这种家庭，日子肯定是不好过的。后来，母亲改嫁，继父不喜欢他，就把他寄养在外婆家，中途又辍了学。他小时候吃的苦实在是太多了。

我们简单勾勒一下牛顿后半生的履历：他很争气，上了剑桥大学。那个时候，上大学不像现在这样，要通过高考国家统一录取，还有助学金。那个时候一概没有，牛顿是靠着给同学打工，吃别人的剩饭，把大学念下来的。据说，他到剑桥大学的时候，身上只有几样东西：吃饭用的一个罐子、几根蜡烛、一个笔记本，还有一把锁。

牛顿一生的转折点发生在他跑回老家以后，1665年至1667年的18个月里。当时，伦敦暴发了瘟疫，牛顿就跑回家避难。请注意这个日子，1666年，这是世界科学史上第一个奇迹之年，因为牛顿在老家避难的这段时间，在妈妈的农场里，他几乎做出了他一生所有重要的科学贡献。

1669年，他回到剑桥大学之后，很快当上了教授，成为剑桥大学最年轻的终身教授，而且一干就是30年。50多岁的时候，他升官发财了。此时，他的名气也大了，国王就把他派去做皇家铸币厂的监管——这是一个薪水高又清闲的地方。1703年，他又当了英国皇家学会的会长。

虽然他不是贵族，但他是以科学家身份拿到爵士头衔的人，也是第一个获得国葬的自然科学家。他出殡时，成千上万的市民为他送行，抬棺椁的是两位公爵、三位伯爵和一位大法官。今天，在英国伦敦的威斯敏斯特大教堂里，还能看到牛顿的墓，就在教堂的正中间，把整个教堂一分为二。那个位置比很多国王的都要好。

在牛顿的葬礼上，送行的人群中有一个人叫伏尔泰。他是法国大文豪，著名的启蒙思想家。伏尔泰当时很激动，感慨道："走进威斯敏斯特教堂，人们所瞻仰的不是君王们的陵寝，而是国家为感谢那些曾为国增光的最伟大的人物建立的纪念碑。这便是英国人民对于才能的尊敬。"（文／罗振宇）

## 脑力大爆炸

正确运用知识意味着力量。有实际经验的人虽然能够办理个别的事务，但若要纵观整体，却唯有掌握知识方能办到。掌握知识，不是背诵一个公式、一个要点，更重要的是明了知识背后的规律，还有得出规律的方法。唯此，才能不遗忘最根本的东西。

有名的"三国粉"向来很大牌

"三国"一直是现代备受关注的精彩大戏。实际上,中国的"三国热"在《三国演义》成书之前就已流行开来。三国历史结束后不久,民间就开始流传三国人物的各种传奇故事了。到了元代,三国戏更成了元杂剧的重要剧种,例如关汉卿的《单刀会》便是其中的佼佼者。当然,谙熟历史典故的文人墨客,更是三国故事的传播者、渲染者。《三国演义》的成形就跟他们有着千丝万缕的联系,苏轼堪称其中最著名的一位。

北宋时期,三国故事在民间同样盛传不衰,百姓听到刘备打败仗就呜呜哭鼻子,听到曹操打败仗就嘻嘻叫好。可见当时刘备的人气比曹操旺得多。文豪苏轼不能免俗,也很喜欢三国人物,但要说他最喜欢的三国人物,恐怕非周瑜莫属。他在《念奴娇·赤壁怀古》中对周瑜描述道:"遥想公瑾当年,小乔初嫁了,雄姿英发。羽扇纶巾,谈笑间,樯橹灰飞烟灭。"满满的敬仰之情跃然纸上。可以说,所有诗词当中关于三国人物的描绘,没有比这首更好的了。

# 突然之间,人人都爱司马懿

"我人生中第一次'认识'司马懿,是听侯宝林先生的相声《空城计》。"历史学者、南开教授孙立群说,"在相当长的时间里,我认为他就是一个反面人物,奸诈、阴险。"事实上,这也是大部分人对司马懿的印象。但这个在曹操手下蛰伏的野心家,被诸葛亮光芒掩盖的人物,却成了三国的最终赢家。

于是,反其道而行的电视剧如《军师联盟》等受到莫大关注,司马懿彻底火

了。在《军师联盟》这部剧中,司马懿被塑造成了尽心竭力辅佐曹丕、鞠躬尽瘁守护魏国的美好模样,网友笑称这是司马家的洗白大戏。在孙立群看来,虽然以奸诈定义司马懿过于脸谱化,但像剧中把司马懿塑造得如此完美有些矫枉过正。

就拿一开始的"司马出山"来说。建安六年(201年),曹操听闻22岁的司马懿"少有奇节,聪明多大略",就派人请司马懿出山做官。电视剧《军事联盟》里,司马懿因倾心学问,不愿卷入纷争而拒绝入仕,颇有遗世独立的意味。但在孙立群眼中,司马懿之所以拒绝,还是因为看不起曹操:"司马懿出身河南温县大族,他的父亲、祖父和曾祖,都是郡太守以上的高官,用现在话说就是省部级的;而曹操的出身就有'污点'了,他的父亲曹嵩是东汉大宦官曹腾的养子。加上'挟天子以令诸侯',司马懿自然不愿跟着曹操。"

电视剧里,司马懿耍心机、玩手段都是被逼无奈,司马懿原配张春华一句"仲达,我们跟那些无情无义、玩弄权术的人不一样",更是给司马懿贴上了"清流"的标签。"但《晋书》里评价司马懿是'内忌而外宽,猜忌多权变',表面上看起来人畜无害,其实内心阴险狡诈。"

孙立群说:"司马懿第一次拒绝出山,靠的是装脑卒中,结果被一个丫鬟看到他从床上起来晒书,为了以防万一就让张春华杀人灭口;后来在曹操的威逼下不得不入朝,他又处处小心,'勤于吏职,夜以忘寝';他业务出色、城府深厚,成为曹丕的心腹;曹丕立魏国,死后就让大将军曹真和司马懿共同辅佐魏明帝曹叡,司马懿就此走上历史前台。"因此,细看司马懿在曹家蛰伏的岁月,绝不是剧中描述的那般"树欲静而风不止"。

往往,人们说到司马懿就必然会提到诸葛亮。民间戏说中,这两人的较量从"空城计"到"六出祁山",谁胜谁负始终没有定论。而孙立群毫不犹豫把票投给了司马懿，他说："在我心中，司马懿在能力上是无可挑剔的。"

两人第一次交手时，诸葛亮发明大型运输工具"木牛流马"运军粮，来势汹汹，司马懿则"只守不攻"，还被士兵讥笑"畏蜀如虎"。这次北伐以蜀国内讧诸葛亮主动撤兵结束。第二次交手在234年，按照《三国志》里记载，司马懿照旧不出兵。于是，诸葛亮派人送了一件女子衣裳给他。"《三国演义》第一百零三回里有一段描写，挺接近真实情况，说司马懿'心中大怒，乃佯笑曰，孔明视我为妇人耶，即受之'。诸葛亮那么损的激将法，司马懿依然面不改色，可见这人的心理有多强。"

诸葛亮激将不成，只能派使者前来挑衅。司马懿不问使者军事，只问诸葛亮每日如何工作。使者回答："夙兴夜寐。"连军中小兵吃板子这些芝麻事儿诸葛亮都亲自过问。于是，司马懿就更坚定了"耗"的战略：粮草会吃完，诸葛亮会扛不住。果不其然，234年8月，一代名相诸葛亮在第六次北伐中含恨而终——出师未捷身先死。司马懿不战而胜。

在孙立群看来，魏晋历史中真正能和司马懿一较高下的，也就曹操了。"这俩人很像克隆体，《三国志》说曹操是'治世之能臣，乱世之奸雄'，用来形容司马懿也很恰当；他们都野心勃勃，但也都如曹操说的，'若天命在吾，吾为周文王

司马懿与曹操都是传统评价中的"奸雄"，但有人总结，曹操主要靠着一生南征北战，一手打造了魏国政权，而司马懿虽有统兵打仗的功勋，主要舞台却是复杂诡谲的宫廷斗争。他首先担任魏太子中庶子，在曹丕和曹植争储的过程中屡有"奇策"，帮曹丕夺得王位，此后在几朝政治风云中屹立不倒，最后在政敌曹爽的步步紧逼下，陡然发动高平陵之变，掌握大权，堪称教科书式的政变操作。即便在战场上的胜利，司马懿也经常表现出这种狡诈的隐忍。或许这就是人们并不青睐司马懿的原因。不过，就是这样一个阴柔的奸雄，在一场阳刚英雄的顶级角逐中，笑到了最后。胜利者就是胜利者。

矣'。所以20世纪50年代末，郭沫若写文章为曹操翻案，到如今，人们对司马懿的看法也越来越全面、客观了。"

说起司马家族，总离不开几个词：城府深、自私、残暴。孙立群还给这一家贴了个标签——作秀高手。司马懿、司马师、司马昭父子三人，都称得上是"人生如戏，全靠演技"。

239年，曹叡去世，司马懿奉命与曹真之子曹爽辅佐新帝曹芳。在与曹爽的前期斗争中，司马懿落于下风，于是韬光养晦，称病在家。他装病时，曹爽派心腹李胜前去打探。在李胜面前，司马懿装聋、装瘫、装糊涂，硬是让曹爽放下了戒心，最终在249年发动高平陵事变，彻底掌控曹魏政权。两年后，司马懿病逝，长子司马师接替了父亲的位置；254年，司马师废曹芳，立曹髦为帝；255年，司马师病逝，其弟司马昭接管了司马家的权势。

《军师联盟》中，司马师、司马昭两兄弟性格迥异——老大朴实敦厚，老二沉着狠辣。这种性格描述，与真实的历史有些出入。高平陵事变是司马懿诛灭曹爽集团的军事政变，也是司马家正式掌权的标志。正史记载，事变前夜，司马懿特地去观察俩儿子的睡态，司马师安然入睡，司马昭辗转反侧，于是司马懿评价司马师："此子竟可也。"

"从这件事能看出，相对于司马昭，司马师反而是心思更深的人，也能看出在两个儿子间，司马懿更喜欢老大。"至于司马昭的"腹黑"，则是在父兄相继离世，他登上权力顶峰后才显现的。

曹髦是个有想法的皇帝，他洞悉"司马昭之心"，在260年率领童仆数百人进行讨伐。此次行动被司马昭提前知晓，20岁的曹髦被武士成济所杀。司马昭见到曹髦的尸体后，"大惊，自投于地"，之后又诛成济三族，把责任推得一干二净。曹髦死后,司马昭立曹奂做傀儡皇帝,同时在262年南下灭蜀。265年,经过司马懿父子50多年的积累,司马家第三代司马炎终于取代曹魏,建立西晋王朝。

司马炎执政初期尚能休养生息,但之后开始纵情声色,西晋王朝急转直下,"乱"成为当时的时代特征。在乱世之中,司马家族实行高压政策。"这种压迫,使那个时代的读书人产生了许多新的观念,尤其是对死亡、对自我的认识。《晋书》里写道:魏晋之际,天下多故,名士少有全者。"不妨看看竹林七贤的境遇:"嵇康最有棱角,最后被司马昭杀害;阮籍性格内向,只能佯狂避世;向秀被迫出仕,最后郁郁而终……"

"荀子说观往事,以自戒,治乱是非亦可识。从兴亡周期律的角度看,魏晋这段历史是非常典型的——夺取政权异常艰难,倾覆毁灭异常之快。在这短暂的历史里,我们可以看到国家的兴衰,个人的成败。吸取教训,以史为鉴,这是研究历史永恒的主题。"孙立群说。（文／余驰疆）

## 脑力大爆炸

过往的历史瞬间,有的卓绝,有的失落,有的辉煌,有的寂寥,但同样富于启示,闪耀于人类历史的长河之中。也许伟人离我们很远,但伟大却离我们很近。人人都是自己的历史学家,能写的最好故事,也许是当自己还没停止思考的时候,用人生演绎一段传奇。或许这传奇不够跌宕起伏,却足以令自己欣慰。

## 开个脑洞 NAODONG

霍金的急智有多强

一次,身在剑桥的霍金老爷子正通过3D全息投影在悉尼大剧院做一场"穿越时空"的科学讲座。老爷子有关宇宙等严肃问题的励志范儿演讲轰动全场。提问时间到,一个神奇的问题让现场画风突转。有人问:"单向乐队的成员泽恩脱团离队让全球无数少女心碎不已。这件事会产生怎样的宇宙效应呢?"单向乐队是欧美当红乐团,他们的成员泽恩·马利克前不久决定单飞。

万万没想到,霍金老爷子没有一点点的犹豫和拒绝,回答道:"终于,有人丢了一个至关重要的问题!对于那些心碎神伤的女孩,我的建议是,一门心思扑到理论物理上。因为也许某天多重宇宙就被证明确实存在了。在我们现在的宇宙之外,完全有可能存在另一个完全不同的宇宙。在另一个平行宇宙里,泽恩仍是单向乐队的一分子;而且,在另一个宇宙里,也许心碎的女孩还跟泽恩结婚了呢。"

# 不要只盯脚下,更要仰观宇宙星辰

霍金喜欢打赌,可惜运气都不大好。

从1991年到1997年,他与物理学家基普·索恩有两次著名赌局,结果都以霍金惨败告终。2002年,他下注100美元和"上帝粒子"之父彼得·希格斯打赌,断言"上帝粒子"不会被发现,让希格斯一度恼羞成怒。赌局的结果是,2012年7月,欧洲核子研究中心宣布他们发现了一个很有可能是"上帝粒子"的新粒子。霍金爽快地给希格斯寄去了100美元的支票。

然而,赌了那么多回,霍金印象最深的是12岁那一次。他的同学麦克莱纳汉跟

他打赌说:"霍金,你将来必定一事无成。"霍金后来回忆往事说:"不知道这个赌结束了没有,也不知道何时会有结果。"2018年3月14日,霍金去世,全世界以刷屏之势悼念,被引用最多的词是"伟大"——12岁的那场赌局,霍金赢了。

作为物理学家的霍金,其科学成就主要有三个方面:第一,他证明了所谓奇点定理;第二,他发现黑洞不黑,也就是霍金蒸发;第三,他关于宇宙的量子起源的研究,虽然目前尚未得到物理学界普遍认可,但影响力很大。

这三大成果的诞生,既是霍金的科研史,也是他与命运缠斗的历史。1962年,牛津大学物理学资优生霍金在理论粒子物理和宇宙学之间选择了后者,因为他觉得粒子物理只有粒子,没有理论;而宇宙学有广义相对论,这种着重于思考和计算的研究方式更得霍金青睐。很快,他以本科毕业第一等的成绩,进入剑桥。

到了剑桥,霍金并没能被当时最好的宇宙学老师霍伊尔选中,而是被分配给没什么名气的讲师西阿玛。今天看来,这是霍金的幸运。霍伊尔是大忙人,参加各种活动,还是大爆炸理论(认为宇宙起源于一次大爆炸)的坚定反对者。而西阿玛是循循善诱的导师,总是待在学校,随时为学生提供帮助,并且没有理论偏向,鼓励学生自己去寻找答案。因此,霍金才会深入研究宇宙大爆炸理论。若当年师从名家,可能他的人生轨迹会有所改变。

众所周知,也是在当时,霍金患上了肌肉萎缩性侧索硬化症,俗称"渐冻症"。1963年,医生对21岁的霍金说:"不幸的是,吃饭、走路、说话,都会渐渐

2009年6月28日,霍金举办了一场无人派对,以验证"时间旅行是不可能的"。那晚,他请家人摆好美食香槟,挂上"欢迎时间旅行者"的条幅,在轮椅上静静等待。按照霍金的计划,他会在6月29日0点过后发出邀请函,写明时间、地点——如果真有时间旅行者,应该会在看到邀请后穿越而来。然而,等到12点,没有人出现,霍金默默地把派对视频上传至网络,并发出邀请函,写道:"我等了很长时间,但没有一个人露面。"这或许算得上一个令人备感失落的赌局。

不行,平均寿命是发病两年后。幸运的是,大脑不受影响。"

关于霍金病后如何消沉,又如何遇到好女孩简·王尔德重新振作的故事,我们应该已经在各种渠道看过无数遍了。但对于霍金在病后与罗杰·彭罗斯共同计算出的奇点定理,恐怕很少有人说得清,许多人甚至都不知道这个"奇"是读"qí"还是"jī"。奇点,英文是"singularity",奇异点的意思,所以应该读"qí"。

当时许多物理学家不认可奇点,但霍金不这样想,他想做的就是证明奇点的存在。在身体开始萎缩的那些年,霍金用强大的意志力完成了这个工程巨大的验证工作,证明了奇点的存在。在这个过程中,他的人生有了许多改变:他爱上了瓦格纳的音乐,"因为那乐符里的末日意味令人平和";与简结婚、生子,爱情让他学着扼住命运的喉咙,"我要证明医生是错的,我要挑战未来";他也成名了,成为物理学界的神童,克服运动神经元疾病,坐在轮椅上让全世界为之震撼……

1970年,霍金又提出黑洞视界面积不减定理,认为黑洞的视界(视界是指黑洞外的一个边界,在此之内,任何东西都不可能越过到此边界外)面积不会减小。1973年,他开创性地将量子力学用于黑洞,证明黑洞会辐射粒子,因此黑洞质量不断减小,会导致黑洞蒸发——之前,人们认为任何东西都无法"逃"出黑洞。霍金的发现,完全颠覆了旧认知。"黑洞不黑"成为震惊世界的理论,霍金声名鹊起,人们将他的发现称为"霍金辐射"。1975年,霍金成为英国皇家学会会员,1979年又成为剑桥大学卢卡逊讲座教授——这个职位,牛顿和狄拉克也曾担任过。

霍金究竟为何伟大?除了科学研究,霍金还通过科普,让全世界看到了宇宙的魅力。霍金身上,有物理学家罕见的希望公众听到他的声音的个性。不论欧美、中

国,极少有理论物理学家愿意影响公众,去做科普。从某些方面来说,霍金是很卓越的社会活动家和作家,他通过这些方式让一门艰涩的学科,成为被关注的焦点。1988年,《时间简史》出版,霍金深入浅出地向世人解释了宇宙的起源,何为黑洞,宇宙怎样膨胀。通过这本书,许多人第一次了解到遥远星河里的世界。

对于霍金来说,写作、讲话都是艰难的事情,所以他没办法长篇累牍地表述抽象的理论,他必须学着用最简单、清楚的词来表达自己的思想。这种特点,造就了霍金文字里的幽默和亲切。在提到"黑洞不黑"理论时,霍金说:"黑洞并不是它看起来的那么黑,并不是像我们曾经想象的那样是一个终极地狱。就像抑郁症,如果你觉得你在黑洞中,不要放弃——总会有出去的路的。"

不论是与人打赌,还是录制唱片,出演美剧,霍金在"好玩儿"的同时,也打造出了人们心中乐观、励志的精神标杆。霍金去世后,他的励志名言被频频提起:"在我21岁时,我的期望值变成了零,自那以后,一切都变成了额外津贴""一个人如果身体有了残疾,绝不能让心灵也有残疾""我的手指还能活动,我的大脑还能思考;我有终身追求的理想,我有爱的和爱我的亲人朋友;对了,我还有一颗感恩的心"……在最禁锢的身体里,霍金自由地思考,坚定地活着,并且始终善良。还有什么能比这些更值得我们铭记呢?(文/余驰疆)

## 脑力大爆炸

> 大脑不只是掌握我们感知的现实情况,还衍生我们的情感和意义。爱情与荣耀,对与错,都是我们心中建立的宇宙的一部分。因此,生命的意义只能存在于人类心智的架构内,而不在外面某处。赋予生命何种意义,选择全在自己。正如宇宙学家卡尔·萨根所说,我们是宇宙对自己的省思。保持好奇心,不要只盯着脚下,更要仰观宇宙星辰。

  "兼职"的作家更好命

1971年，67岁的聂鲁达获悉自己将获得诺贝尔文学奖，当时他正在巴黎上班，他正式的工作是一名外交官。而他那些得了诺贝尔奖的诗，全是业余时间写的。

《百年孤独》的作者马尔克斯早年在哥伦比亚当记者，白天工作，晚上去便宜的旅店歇宿，乘隙写小说。而立之年，他被报纸解聘，辗转去了墨西哥。在那里，他写完了五部小说，全是工作之余写的，只有一部《枯枝败叶》出版。他后来回顾那段生活说："我当时觉得，可能再也没机会写小说了，所以像写最后一部小说一样，把一切都写进了《枯枝败叶》。"

同为诺贝尔文学奖获得者，T.S.艾略特一度在银行工作，甚为痛苦。他的巨作《荒原》就是在银行工作时写的，但没名没钱之前，他始终不敢辞职。著名诗人庞德，虽然诗稿卖不出去，还是希望伙同诸友捐款，要"把艾略特从银行里拯救出来"。

还好，最终，热爱都让他们的付出得到了回报。

# 成为诺奖得主的正确投胎法

马里奥·卡佩奇，2007年诺贝尔生理学或医学奖得主，孤身一人在战时的意大利街头度过了自己的童年。他在一次采访中描述了童年时期的一段经历：

我不是躲在被炸毁的房子里，就是躲在废弃的房子里。我们曾经待过的一栋房子其实是德国人拷打和用刑的地方。进去之后，你能在地上看到各种割下来的身体

零件，比如手指、鼻子、耳朵等，这些我都见过。那是在我5岁到8岁的时候。

马里奥第一次走进校园时，不会读，也不会写，甚至连一句英语都不会说。他经常做噩梦，以至于把床单撕坏，床也被弄坏了。社区提供的情感支持帮他克服了创伤后的应激障碍。

很多诺奖获得者的确成长于窘迫的环境中，其中例子就是1957年的文学奖得主阿尔贝·加缪。加缪1913年出生于阿尔及利亚，在他还不到1岁时，父亲就死于马恩河战役。虽然家中很穷，但加缪的童年生活过得很开心，因为有学校里的一群朋友，有他热爱的足球、海滩，还有可以游泳的港口。

另一位童年时期饱尝生活艰辛，成年之后，生活依旧窘迫的诺奖得主是瑞典人哈里·马丁松。他在1974年被授予诺贝尔文学奖，穷困贯穿了他的整个青年时期。哈里1904年出生于瑞典南部，父亲是个酒鬼，在他6岁时因肺结核病故，母亲丢下他和他的6个姐妹，只身前往美国谋生，这给哈里造成严重的感情创伤。

另一位备受贫困折磨的诺奖得主是阿诺·彭齐亚斯。他曾这么描述：

穷人才知穷滋味。贫穷意味着你早上一睁眼就要去弄死浴缸里的蟑螂，意味着你将穿着那些令人嘲笑的旧衣服，意味着8月底才能吃上桃子……直到今天，我仍

托尼·莫里森是第一位获得诺贝尔文学奖的非洲裔女作家，她1931年出生于一个并不富裕的家庭，童年是跟自己有"解梦"情结的祖母一起度过的。祖母曾向孩子们宣布，谁能说出一个梦，就给谁一美元。这样的诱惑太大了，当年幼的莫里森没梦可说时就"编造梦"，并且渐渐喜欢上了独处，在独处时她更能发挥想象力。她的很多"梦"光怪陆离，祖母听得如痴如醉。后来莫里森回忆说："当年，为了支付一美元的昂贵'梦资'，祖母拼命捡破烂、帮白人家里洗衣服、修缮花池，吃了很多苦，即使生病了也舍不得买药。每一次为我'解梦'，祖母都给了我无尽的鼓励，使我尽情展开想象的翅膀，尽管她早知道我的梦是编出来的……那个年代非常贫困，可我们有梦想，有梦想就会有希望。"

然觉得自己跟别人不一样。贫穷现在还或多或少地影响着我的生活，也许这就是我为什么如此努力以求获得别人的接受和认可。

虽然通常情况下，诺奖得主都有特殊的家庭背景，但显然出身贫寒并没有阻挡很多人获得诺奖的可能性。

出身于学者家庭是有一定优势的。这主要是指知识氛围、亲朋好友的激励以及父母在学术生涯上给予孩子的指导和帮助，所有这些因素都构成了法国社会学家布迪厄所谓的"文化资本"。

当然，共性之外也有很多特例。爱因斯坦的父亲是个电工，梅里德·科里根的父亲是个门窗清洁工，罗莎琳·雅洛的母亲读到6年级，父亲只读到4年级。

也有很多家庭中有多位诺奖得主。伊雷娜·约里奥-居里的父母正是1903年的物理学奖获得者居里夫妇；居里夫人后来在1911年又获得了化学奖。英国物理学家J. J.汤姆孙逊1906年获得物理学奖，他的儿子G. P.汤姆逊在1937年也获此殊荣。尼尔斯·玻尔1922年获得了物理学奖，他的儿子1975年也获得了同样的奖项。威廉·亨利·布拉格和儿子威廉·劳伦斯·布拉格在1915年共同获得了物理学奖。汉斯·冯·奥伊勒-切尔平拿到了1929年的化学奖，他的儿子乌尔夫·冯·奥伊勒拿到了1970年的物理学奖。卡尔·西格巴恩和儿子凯分别在1924年和1981年获得了物理学奖。瑞典经济学家贡纳尔·默达尔1974年获得了经济学奖，8年之后他的妻子阿尔瓦·默达尔因为在裁军方面做出的努力获得了和平奖。

## 3

我们无从得知有多少诺奖得主从小在缺乏关爱的环境中长大。但的确有少数获得者是在没有父亲的家庭中长大的。米哈里·契克森米哈曾采访过91位非常有创造力的人物，其中包括几位诺贝尔奖获得者。他发现，在他样本中，有30%的男性在童年时期失去了父亲或母亲。

有两位诺奖得主的母亲拒绝跟他们的父亲结婚：马里奥·卡佩奇的母亲就是其中一位；另一位是1971年和平奖得主、德国政治家维利·勃兰特的母亲。至少有40位诺奖得主在11岁前失去了父亲。

亚历山大·索尔仁尼琴还没出生父亲就去世了。贝尔塔·冯·苏特纳也是遗腹子。很多人推测说，正是因为父亲的缺失或缺席，激发他们获得了这样的成就。让-保罗·萨特年幼时父亲也去世了。或者我们也可以说，这些获得者的成功是对他们母亲能力和奉献的赞颂。

所以，诺奖获得者是这样一群人，有的人挺过丧父之痛，活了下来；有的人跟父亲感情疏远，备受折磨；有的人跟父亲关系融洽，从中获益良多。（文/[美]大卫·普莱特）

**脑力大爆炸**

一个人的成长固然离不开环境和出身的影响，但归根结底，一个人的成长问题首先是自我学习、独力修养的问题。只有经过这种自我学习、独力修养，一个人才能养成独立的人格、意志、兴趣和能力，并以自己的努力探索赢得他人的认同。从某种意义上说，一个人的成长注定是一段孤独寂寞的旅程，即便你可能并非一个人走过。

> 钱穆先生是我国著名历史学家。有一天他自觉要得病,便和一位同事说起。那位同事说:"你常读《论语》,这时正好用得着。"钱穆茫然,问道:"我病了,《论语》何用呀?"同事说:"《论语》上不说了,'子之所慎,斋、战、疾。'你快病了,不该大意疏忽,也不该过分害怕,正用得着那'慎'字。"钱穆听了顿觉《论语》那一条用字之精,教人之切。经那位同事一番指点,自觉读书从此长进不少。
>
> 他常把此事告诉别人,有一次听的朋友说:"你最爱《论语》中哪一章呢?"这一问,钱穆愣住了。他读《论语》总是散着读,没感到最爱哪一章。朋友却朗诵道:"饭疏食,饮水,曲肱而枕之,乐亦在其中矣。不义而富且贵,于我如浮云。我最爱诵的是这一章。"钱穆又是豁然开朗,从此读书自觉又进了一境界。他说自己二十四五岁以前读书,大半从此为入门。

# 阅读的才华,到底多重要

经常有人问我是怎么学写作的。比如一个就说:"我想将我的痛苦转化成文字,可是写出来的东西浅薄又无知,远远配不上我遭受的痛苦,真希望才华能够降临在我的身上……"

我想,他的这种想法大概是很多人共同的心声。但大多数人都追求速成,把眼睛盯在写作的技巧上。其实在我看来,阅读的才华远比写作的才华更为重要,而写作的才华，也一定是和阅读的才华相生相伴的。

真正的阅读是一种连接能力、一种理解力，有的人就是有那个本事，能看到别人看不到、听到别人听不到的。那就是一种阅读的才华。很多好作家，首先都具有极高的阅读才华。

比如米兰·昆德拉，他自己的小说写得极好，但在《小说的艺术》这本书中，完全展露出他作为一个读者高超的阅读才华；再比如曹雪芹，他在《红楼梦》里，曾经借贾母、黛玉之口来评论前人的诗作，犀利别致，让人印象深刻；又比如说莫言，他的偶像是福克纳，他写过一篇文章《说说福克纳老头》也是非常有趣；再比如鲁迅，在《中国小说史略》中，精彩的洞见层出不穷……几乎所有的好作者，都曾经站在读者的角度上，写出过精彩的文学评论，而且很多作者，在我看来，他的阅读才华远胜于写作的才华。

阅读是水池，而写作是水桶。要想有充沛的思想放进自己的作品中，强大的阅读才华是必不可少的。

举个我自己的例子，我大概从十岁开始，就阅读圣经故事。但是，很长一段时间里，我其实是很讨厌这些故事的。比如，《但以理书》第三章中，写了这么一件事，尼布甲尼撒王铸造了一座金像，要行开光之礼，书里是这么描写的：

那时传令的大声呼叫说："各方、各国、各族的人哪，有令传于你们：你们一听见角、笛、琵琶、琴、瑟、笙和各样乐器的声音，就当俯伏敬拜尼布甲尼撒王所立的金像。凡不俯伏敬拜的，必立时扔在烈火的窑中。"因此各方、各国、各族的人民一听见角、笛、琵琶、琴、瑟、笙和各样乐器的声音，就俯伏敬拜尼布甲尼撒王所立的金像。

当时我看到这一段，心想这也太啰唆了。要是让我来写，首先"各方、各国、各族"直接划掉,改成"他们"不就完了吗?"角、笛、琵琶、琴、瑟、笙和各样乐器的声音"也是够啰唆,有什么必要非得这样重复呢?但是有一天,当我再看到这段文字的时候,忽然就明白了,它为什么这么写。

为什么呢?因为要制造一种压迫感,通过这样的陈列和重复,来为王的盛典制造一种如临现场的声势,通过"各方、各国、各族"的不断重复,让我们看到了如蚂蚁般密集的人民,不断地在王的金像面前下拜。通过对"角、笛、琵琶、琴、瑟、笙和各样乐器的声音"的重复,让我们看到了一种皇族威权的不可侵犯,也唯有如此不断地重复,加强这种心理威慑,把场面的氛围充分铺垫出来,才可以更好地带出下面的情节:所有的人都臣服于这一权威之下,跪拜金像。而唯有但以理不拜。也唯有如此,才能真正地让读者了解到,但以理的勇气,是怎样的冒天下之大不韪,唯有如此,这个故事的核心精神才能立得起来。所以这样的重复,并不是啰唆,也并非无用的闲笔。

类似这样的理解,在我后来读《水浒传》的过程中,也一再发生。毕飞宇在他

　　自从有了书籍,就有了读书法,好的读书法往往能起到事半功倍的效果。梁启超强调不动笔墨不读书。他说,大凡一个大学者平日用功,总是有无数小册子或单纸片,看见一段资料觉其有用者,即刻抄下。资料渐渐积得丰富,再用独特的眼光整理分析,便成一篇名著。
　　著名学者钱锺书以记忆力强著称,据说有过目不忘之能。实际情况是,钱锺书先生读书极重笔记,所以他读的书很多,也不易忘。他还认为,一本书读第二遍,总会发现读第一遍时容易疏忽的地方,而最精彩的句子,要读几遍之后才能发现。

的《小说课》中,有一段关于《水浒传》的解读,说的是林冲杀人,施耐庵是这么写的:

(林冲)将尖刀插了,将三个人的头发结做一处,提入庙里来,都摆在山神面前供桌上,再穿了白布衫,系了胳膊,把毡笠子戴上,将葫芦里冷酒都吃尽了。被与葫芦都丢了不要,提了枪,便出庙门投东去。

相信很多人第一次看到此处,只是一带而过。可是,就是这样简单到近乎白描的段落,细看之下,简直堪称可怕。可怕在哪里?就在于这种平淡、这种冷静。这是刚刚杀完了三个人的林冲,一个被逼到了命运的绝路上,还处在极度暴怒之中的林冲,这不是一次有预谋的杀人,而是激情之下的杀人。而你再看林冲的反应,按部就班地处理现场:先用仇人的脑袋做了祭品,再换掉血衣,把酒葫芦扔了,甚至没忘记喝掉那一点残余的剩酒。这就够可怕了,然后他提起枪,往东走了。

他为什么往东走?因为城在西边。一个"往东走"简单的句子,就把林冲的冷静、决绝展露无遗。但是,作者写出来了,读者能不能看出来呢?这时,就是拼阅读才华的时候了,看得出来,你就会毛骨悚然,看不出来,你就会觉得稀松平常,一带而过。

很多人只是把阅读当作消遣,老在一些浅显的东西里打转,但又幻想自己只要书读得够多,自然就写得好,这是没道理的。阅读的才华,除了少数天才,几乎没有人是与生俱来的,你可以加以锻炼和提高。

首先,要学会给自己找问题,去寻找文字中的蛛丝马迹,去揣摩很多看似无关紧要的细节。其次,要学会写书评,写读书笔记。读完一本书,有什么所得,琢磨出什么,想到些什么,就随手写下来。有意识地训练自己去想、去表达,时间长了,阅读的能力就会逐渐提高。最后,学会去看别人的读书笔记。不管你看没看懂，去看看别人怎么说，搞不好就能给你点化出一些思路。

阅读是一个积累的过程，不能贪多求快，只要你踏踏实实走下去，困而求知，无论天分高低，总会逐渐看到自己的进步。在我看来，这才是学习阅读，也就是学习写作的正路。（文／亚经煞）

## 脑力大爆炸

可以肯定，我们几乎能从书中获得各种知识和乐趣，前提是读进去，并且读得好。所有经典作品往往经得起反复阅读。如果几年前你读过一本经典作品并且喜欢它，不妨再读；而以前读不懂或者不喜欢的经典，也可以拿出来重新读，你也许会发现书里居然还有那么多新的东西，你简直不敢相信这是同一本书。

人与人之间的差距,往往不在金钱上,而在认知上。认知当然不是智商,而是见识。人的见识到了一定程度,就算把他的所有财富拿走,他还能像小说主人公一样干出一番大事。

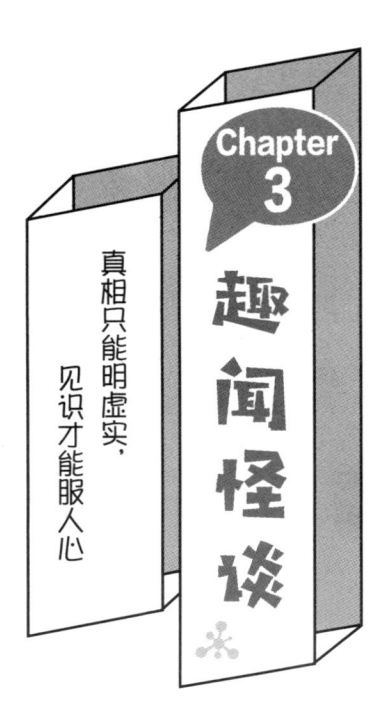

# Chapter 3
## 趣闻怪谈

真相只能明虚实,
见识才能服人心

## 开个脑洞

**灌输道德这件事实在"不道德"**

海因兹的妻子罹患癌症,生命垂危,服用某种新药可能有效。而这种新药是某一药店老板的最新发明,要价2000美元,10倍于它的成本。海因兹尽力借钱,勉强凑了1000美元。他找到药店老板请求降价或分期付款。老板说不行,因为他发明新药就是为了赚钱。海因兹为救活妻子,当夜潜入药店,偷走了新药。海因兹偷药对不对?倘若被捕,该不该获刑?

这是美国教育家科尔伯格设计的著名"道德两难"问题。它并没什么标准答案,科尔伯格更关注的,是孩子们给出不同答案的理由。科尔伯格据此研究儿童道德认知的发展,并提出了"道德发展阶段"理论。这一理论对道德教育的一项重要启示是,以灌输的方式进行道德教育效果甚微,因为孩子的道德判断标准在不同阶段并不相同,而且道德需要被认同才有效。科尔伯格补充说,"两难问题"的碰撞其实比单纯的灌输,更能促进孩子道德的稳步发展。

# 该不该把那个胖子推下桥

好莱坞有部电影,叫《天空之眼》,故事很简单:情报组织查到几个恐怖分子,他们正在密谋进行自杀式炸弹袭击。本来应该向恐怖分子发射导弹,但附近正好有个卖饼的非洲小女孩。发射导弹很可能会把她炸死。这枚导弹到底发还是不发?一群人纠结来纠结去,最后眼看着恐怖分子马上就搞破坏了,导弹终于发射出去,恐怖分子被一举消灭,小女孩也因此而丧命。

这个电影谈不上特别出色,无非是"电车难题"的一个范例。"电车难题"

是很著名的思想实验，它虚构了这样一个场景：电车刹车失灵，前方轨道上有五个人，要救他们的唯一办法是转向一个岔道，可岔道上也有一个人。司机该怎么办？是立即拐弯撞死一个救五个，还是接着往前开？

如果你以为"电车难题"这么简单，那就太小看哲学家了。他们还提出了很多衍生场景，设计出各种各样的复杂问题。有的在呼啸而来的电车旁边添了一辆呼啸而来的拖拉机，有的让这五个人逃出生天后滚落山脚，却意外砸死了一个倒霉蛋，等等。五花八门的场景构成了一个叫"电车学"的领域，生产出了大量论文。

这些哲学家当然不是闲得没事儿瞎胡闹。不同的场景会产生出微妙的不同。比如对于原始的"电车难题"，普通人往往本能地选择拐上岔道。但再考虑一下这个场景：如果轨道上方有个天桥，天桥上有个胖子正等着看电车轧人。如果你从后面轻轻一推，他会正好掉在轨道上，用肉身挡住电车，这五人就能获救。不考虑法律后果的话，你推不推？

大部分人都会退缩，当然也有胆大的。就算你有胆量，再考虑一下这个场景，有五个病人躺在医院里，两个急需肺移植，两个急需肾移植，还有一个急需肝移

1967年，美国学者菲丽帕·福特率先提出"电车难题"。一个人站在铁轨边，看到一辆刹车失灵的列车疾驰而来。列车前方有五个人被绑在铁轨上，马上会被轧死。幸运的是，这个人可以扳动开关，把失控的列车转到旁边的支线去。但支线的铁轨上也绑着一个人：改变方向的话此人必死无疑。他该怎么选择？

1985年，美国另一学者朱迪斯·贾维斯·汤姆森把"电车难题"发展成了"天桥难题"：一个人站在天桥上，看到一辆列车失控，列车前方有五个人被绑在铁轨上。这个人旁边站着一个胖子，如果把胖子推下去，就能挡住列车，救下那五个人。他该推吗？两位学者提出这样的思想实验，主要是针对功利主义思想。功利主义者认为，类似的情况很好处理，因为重要的是大多数人的利益，但也有康德这样的哲学家认为，人不可以被当作手段。

植。如果他们今天不移植就会死亡。这时一个小伙子带着自己两片肺两个肾,还有一个肝,活蹦乱跳地来探望病人。那能不能把这小伙子一针麻翻,摘下他的器官,救活这五个人呢?估计没几个人会赞同这种做法,因为太离谱了。摘他的器官不行,那为什么从天桥上把一个人推下去就可以呢?如果把一个人从天桥上推下去不可以,那为什么电车撞死一个人就可以呢?

这些场景确实有道德上的差别,但最大的差别恐怕不在道德,而在感情。人们经过千百万年,已经进化出一种本能的感情:比起间接的暴力,大家更排斥直接的暴力,而对不同的暴力手段,大家排斥的强度也会不同。扣动枪械的扳机,比从天桥上把人推下去更容易接受;从天桥上把人推下去,又比把人的器官摘走更容易接受。

从后果看,它们似乎没太大区别,但感情上就是不一样。就像《天空之眼》里负责发射导弹的那个士兵,看上去浓眉大眼,很有良知。他最后勉强服从命令,按下了发射导弹的按钮。可如果长官让他冲上去把小姑娘一刀杀死,他多半会拒绝。如果长官还命令他从小姑娘身体里取出个炸弹控制器什么的,他更不可能服从。这种感情并不完全符合逻辑,但从另一方面看,它就像人性中的一点光亮,让人做起事情来有所畏惧。

中国古人没见过电车,更没有发展出"电车学",但他们也面对过类似的道德困境。不同的人给出了不同的答案。孟子说:杀一个无辜者得到天下,是不行的。墨子说:你可以自杀救天下,却不能杀掉别人去救天下。在反对者看来,孟子和墨子的态度太过理想化,不接地气。

纪晓岚在《阅微草堂笔记》里写过一个接地气的故事:在乌什打仗的时候,有位军官肚子上被捅了好几刀,医生没法缝,就挑了一个年壮肥白的女俘,"生剖腹

皮，幂于创上"，意思是直接把女俘的皮剖下植在军官的创口上，据说疗效很好。在纪晓岚看来，女俘本就该死，割她的肚皮去救一个好汉，没什么不妥。

而比纪晓岚稍早的著名学者王夫之对"电车难题"的回答，介于墨子和纪晓岚之间。"安史之乱"时张巡苦守睢阳，守到最后开始吃人，吃到全城只剩下几百人。这场保卫战作用很大，为江淮腹地挡住了叛军，后来的读书人多夸奖张巡的忠勇，但王夫之不同意。他说情况危急时，你可以不管这些百姓的死活，你也可以逼着他们去作战，但你怎么能杀害他们，吃掉他们呢？碰到这种事情，君子应该和孤城共存亡，但也仅限于此，超过这个界限就是贼仁戕义。

王夫之的意思很明显，到了实在没办法的时候，城破也只能由它去破，国亡就只能由它去亡，但人终究是不能吃的。当然有人会反对：为了救天下，为什么就不能吃几个人呢？理由何在？王夫之给出的回答是：这种事情想想就觉得心悸，你是一个人啊，难道人不能吃人还需要理由吗？有不少关于"电车难题"的分析，老实说大多忘掉了，但王夫之的这段话却记得非常牢，想忘都忘不掉。（文／押沙龙）

## 脑力大爆炸

很多看似平常的事件，其实背后都隐藏着各种观点和细微力量的角逐，在我们没有认识到之前，最好进行广泛阅读，然后勤于思考。一个人的道德勇气，意味着不随波逐流，意味着要弄清楚自己到底想要什么，而不是父母、同伴、学校或社会要你做什么——即确认你自己的价值观，思考迈向自己所定义的正确的道路，而不仅仅是接受别人给你的选择。

### 古代也有星座"粉"

苏轼堪称学问庞杂,甚至对星座也颇有研究。他曾不止一次发感慨:我与唐朝的韩愈都是摩羯座,同病相怜,注定一生多谤。他曾写道:"退之(即韩愈)诗云:我生之辰,月宿直斗。乃知退之摩羯为身宫,而仆乃以摩羯为命,平生多得谤誉,殆是同病也!"

原来韩愈写过一首《三星行》诗,诗中说自己出生之时,恰值月在"斗宿","身宫"为摩羯,且"箕宿"独显神灵,自己注定颠簸一生。苏轼读了韩愈的《三星行》诗后,念及自己的生辰年月与半生命运,不禁心有戚戚焉。

苏轼出生于北宋景祐三年十二月十九日,用万年历回溯,可知他的阳历生日为1037年1月8日,太阳恰好在摩羯宫,此时出生的人"命宫"即为摩羯——我们今天所说的某人星座属摩羯座,意指出生当天的太阳位置在摩羯座上。所以,苏大学士确实是摩羯座。历史告诉我们,星座其实并不是一个多么现代而洋气的话题,尽管中西方对星座的理解并不相同。

# "星座"这只怪,为何人人爱

和表情包一样,近年星座在疯狂地流行。在社交媒体上,占星博主和占星机器人往往拥有几十万甚至百万的追随者。新媒体平台上的每日、每周和每月的星座运势,或是以12星座分类的主题板块总是阅读量巨大。

星座如此备受追捧的情况并非第一次出现,其实几千年来人们一直很关心星座,只不过形式不同罢了。20世纪60年代和70年代起源于西方的新时代运动

（New Age Movement），为全世界带来了无数关于十二星座的知识。

今天，许多研究星座的人都感觉到，随着网络上的星座话题在年轻人中越来越流行，对于星座的污名虽然仍然存在，但已极大地减少了。露西格是一家广告公司创新团队的全球总监，她在预测未来文化发展趋势时说："在过去的两年里，我们在90后和00后身上看到了一股新时代运动的复古潮流，其中就包括星座文化的流行。"

为什么星座这么流行？没有比互联网时代更适合星座文化发展的了。星座的进入门槛很低，你可能只是大概知道处女座易有洁癖，但互联网提供的巨大信息量能够让你迅速成长为熟悉相位和福点的星座专家。互联网无疑助推了这场星座文化浪潮，让有志于此的人能够自学，乃至成为自媒体博主，成为新的信息生产者。

首先明确一件事：星座不是一门科学。没有任何证据证明，一个人的星座实际上与他的个性相关，但这个系统有自己的逻辑。星座将太阳、月亮和行星在天空中的12个位置——也就是黄道十二宫——赋予了地上面的现实意义。

苏珊·米勒（Susan Miller）在占星领域非常有名，她说："把行星想象成一个鸡尾酒会，可能有三个人在一起聊天，两个人在角落里激烈争论，金星和火星可能正在接吻。我们所做的就是把每个月这些行星之间的对话为你们翻译出来。"

占星家们的任务就是将宏大的概念变为可消化的知识。这与当代年轻人的思维方式如出一辙：微博、短视频和表情包的流行，揭示着年轻人对晦涩文本的抵触与对浅阅读的追求。有趣、深刻又易于接受，星座在当代年轻人中的流行也就十分合理了。

心理学家格雷厄姆·泰森（Graham Tyson）1982年的一项小型研究发现，人们花费好几百甚至上千元查一次星盘，目的是回应生活中的压力，特别是与社会角色和人际关系有关的压力。压力很大的时候，向星座求助是一种应对手段。很有可能，他们在没什么压力的时候，根本就不相信星座。

根据美国心理协会的调查数据，自2014年以来，90后成为压力最大的一代。年轻人大多掌握资源有限，生活伴随着恒常的失控感。社交媒体放大了对个体的审视，年轻人的焦虑、抑郁等情绪问题前所未有地凸显。星座为处于危机中的人们提供了一个更美好的未来想象。眼下再不顺，"水逆"过去就好了。虽然这很陈词滥调，但确实如此。

人类是叙述性的生物，以目标和期望的形式不断编织过去、现在和将来，热衷于解释自我和生活。犹他大学心理学家莫尼沙·帕斯帕蒂说，虽然她不相信星座，但星座"为人们提供了一个非常清晰的解释框架"。

确实，星座给人一种愉悦而有序的感觉，把生活中的情感与随机事件，像图书馆的书一样有序排列起来，插入贴好标签的书架上。"男朋友不回我信息，大概是水逆让他手机坏了吧""我总是选择困难，因为我的火星在金牛座……"，一切对未来的压力和不确定性，都能在星座里找到解药。

但是，对星座感兴趣便意味着放弃理性吗？占星学历史学家尼古拉斯·坎皮恩

1948年，心理学家伯特伦·福勒为学生安排了一个性格测试，基于测试结果，会给学生一个关于他们性格的描述。实际上，福勒只准备了一份性格描述，而且是从报纸上的星象运势中拼凑出来的。然后，福勒让学生们打分，从0分（很差）至5分（优秀），评价这一描述的准确性。结果出人意料，学生们的平均得分为4.26。福勒以杂技师巴纳姆的名字命名这种现象（巴纳姆效应），认为每个人都会很容易相信一个笼统的、一般性的人格描述，即使这种描述十分空洞，哪怕自己根本不是这种人。在心理学上，巴纳姆效应产生的原因被认为是"主观验证"的作用。如果我们心中想确认一件事，总会搜集各种证据证明，而一再证明的结果又会让人对自己深信不疑。

指出，人们是否"相信"星座这个问题是无法回答的，因为它根本就不是一个有效的问题。人们可能会说他们不相信星座，但仍然认为他们自己是某个星座的。他们可能喜欢阅读与他们的星座有关的分析文章，但不会真的照着做。

与此同时，针对星座话题的科研也正在形成一种趋势，但它们大都致力于"揭穿"。这些论文喜欢引用国家科学基金会的调查，看一下人们是否认为星座是科学的，并提醒读者不要相信星座。星座当然不是科学的，但这并不是重点。

肯定有一些人盲目地对星座所言照单全收，甚至认为星座和生物学这样的学科是一回事，但这只是少部分人。那些让星座文化重新流行起来，让当代人像几千年前那样重新谈论起黄道十二宫的年轻人，往往把星座当作一种工具，或者说是一种语言——占星术连接了宇宙与个体，它是一种对自我与生活的浪漫隐喻。

居住在美国布鲁克林的迈克尔·史蒂文斯自称怀疑论者。2017年8月日全食的时候，他因为工作联系了苏珊·米勒，问她是否会在她的网站上放一些广告。苏珊·米勒很生气，因为她正在写那个以冗长著称的月底总结。但电话最后，她问他是什么星座的。他说射手。"她说，'哦，好吧，这个新月对你来说会很难过。'"他甚至和她聊起了工作和恋爱上的困扰。

研究表明，如果你写一个普通的人格描述，并告诉某些人适用于他们，他们可能会认为它是准确的——无论是在描述他们的星座、生肖或其他东西。当苏珊·米勒说："你似乎正在经历不少困难"，史蒂文斯答道："谁不是呢？这可是2017年。"虽然不信星座，但他说那次与苏珊的谈话让他感觉好多了。他开始拿出行动。他离开了广告公司，和女朋友分了手。"我应该做出选择，追求一些积极的改变。"

史蒂文斯的故事体现了一种和多数人差不多的态度：星座是否真实并不重要，重要的是它是否有用。占星师本人也表示可以不相信星座。"我们非常认真地对待星座，但我们也不一定相信，它不是宗教或科学，它只是自我反省的工具，是一种观察世界和思考事物的方式。"

一位著名的编辑这么看待星座:"在我的生活中总是有几个相互冲突的领域,所以我经常在两个想法之间摇摆不定,于是我只好这么想,'好吧,下个月有三颗行星进入天蝎座,所以我应该做出一些精明的职业决定。'"

"星座是假的,但它是真的",这样的立场似乎自相矛盾,但矛盾或许正是其吸引力之所在。关于星座为何重新流行起来,有许多人都提出了自己的假说:有人认为,地球生活让人沮丧,所以人们开始看星星了;有人认为,星座是为了摆脱逻辑"左脑"的思维范式;还有人认为,人类渴望组织复杂的系统出现,进而给无趣的生活带来热闹的混乱。

他们能否自圆其说并不重要,星座之所以充满吸引力,是因为它充满了悖论:它同时是宇宙和个人、抽象和具体、真实和虚幻。它可以是无法抉择时的一个至关重要的推力,让你免于分裂的痛苦。看着那些被行星运行切割出来的时间片段,以及夜空中的勾勒出星座的虚拟连线——即使你内心深处清晰地知道,星星们与你的生活隔着字面意义上的光年,根本就没有什么联系——而你依然会认为,星座是有意义的。(文/[美]朱莉·贝克)

## 脑力大爆炸 NAOLI DABAOZHA

人不可能没有脆弱的时候,这也是我们在面对不幸时,习惯归咎于厄运的原因。但想要真正摆脱所谓"不幸"的纠缠,真正重要的不是暂时的安慰,而是一颗足够强大的心。因为,这世界除了心理上的失败,实际上并不存在什么失败。

## 开个脑洞 — 体验改进的诀窍

有一个在迪士尼工作过的朋友说,像迪士尼乐园这样的体验型服务业,真正的难处不在于工作人员笑脸相迎、热情周到,而是体验逻辑的一致性。

比如说,在迪士尼乐园里,你很难甚至根本看不到扮演米老鼠的人把头套摘下来,因为它是米老鼠呀,不是一个人戴着一个头套。你也很难听到米老鼠说话,因为电视里米老鼠说话的口音是固定的,不是南腔北调。

再比如,大夏天,一个小孩很可能会把自己的冰淇淋交给米老鼠保存,然后自己跑去玩,想着一会儿再回来找米老鼠拿。我们很容易想到,这样的话,冰淇淋是要融化的。但孩子回来的时候,一个没有融化的冰淇淋就放在那里,因为米老鼠会用新的替换。这不是他们在补贴用户,这只是在维持孩子心中的逻辑一致性——在米老鼠的童话世界里,冰淇淋是不会融化的。

你看,体验质量的提升,不体现为单点的改进,而是所有的体验点之间,互不矛盾。

## 不可思议的巧合原来都有解

平平淡淡的生活中,总会遇到一些特别意外的事情,比如自己竟然跟要好的朋友是同一天生日。不少人会将这些意外归结为运气、缘分、天意等说不清道不明的东西。其实,我们想象中的巧合,有时并不真是突然冒出来的。

在统计学理论中,有一个理论叫作大数据法则,指的是随机现象大量重复后,随机事件出现的概率可能会越来越大,最后会近似它的概率。比如,你投一枚硬币，运用概率公式，会得出硬币掷出人头和字的概率各是50%，可实际上，掷两次却很难得到人头和字各一次。但当我们上抛硬币的次数足够多后，我们就会发现，硬币每一面向上的次数约占总次数的二分之一，随机事件越来越变得可以预料。

用这个理论，可以看一件有趣的事。在英国，有一项传统，如果哪个重要人物去世了，会由英国广播公司（BBC）统一发正式讣告，对外公布消息。2016年，英国广播公司的讣告编辑在对比了之前的讣告新闻条数后发现，2016年前三个月比过去出现了更多名人死亡的新闻，1月1日至3月31日，有24个讣告被公布，2012年同期只有5个。2016年，是名人的"灾难年"吗？

其实，真正的原因可能是这样的。首先，"二战"后1946年到1965年是欧美的婴儿潮时期，英国出现了人口增长，更大的人口基数自然会产生更多的巨星群体。那些在20世纪60年代或者70年代成名的人现在大多数是70多岁，是老年期，这一时期更多人死亡是一个很正常的现象。

今天，随着技术的发展，越来越多的人一夜爆红，名人数量也在不断增加。而在几十年前，能够出名的明星也就是那几个电影演员，而不像现在电视和网络兴起，人们更容易出名。明星的人口基数大，大龄明星更多，在同一年出现多例死亡现象也就很好理解了。

因为数量够多，奇怪的事情同时发生，可以理解。可那又如何理解小概率的巧合事件呢？让我们再来看一个例子。我们知道电话首先由贝尔第一个申请了发明专利。1876年，在贝尔30岁生日前夕，他通过电线传输声音的设想得到了专利认证。但在2月14日贝尔申请电话专利的同一天，一个叫作伊莱沙·格雷的美国人，也提交了电话专利的申请。他们提交的两种设计有许多相似之处，当然也有一些关键的差别。

这是巧合吗？对于相信运气、缘分不可测的人，可能觉得是巧合，但当我们放入一个关于发明的"大环境"中去考虑，就会发现可能不尽然。我们都知道，一项东西不是凭空冒出来的，而是基于众多科学家一起做的研究。如果他们知道自己要发明什么——用于发送和接收人声的仪器，遇到的问题可能相同，这些科学问题其实是很客观的，那么解决完所有的问题，最后可能会获得一个相似的结果。

拿许多国家都拥有的核弹来说，这项技术不可能共享，所以每个国家都是独立设计的，但我们发现，各国只是时间上有差别而已，最后大家都研制了出来，而且有些国家时间比较接近。

新闻事件也一样，似乎并不相关的独立发生的事件一段时间总会集体冒出来。比如一段时间内女大学生似乎经常失踪，但相较于现在的治安，以前可能失踪人口更多，为什么之前没有更多的报道呢？这是因为编辑意识到了现在的时代主题，人们喜欢谈论和关注什么。新闻编辑看到某种类型的故事的需求，更容易重点报道类似事件。这样看来，如果哪天新闻中突然爆发了许多负面的头条，这只能说明大多数人的兴趣所在，而不是世界本身的状态。

想象一下你正置身于一个非常大的房间，不断有人从门外走进来，请问房间内有多少人时，才能使其中两位生日在同一天的概率达到50%？以一年有365天作为计算基础，这个问题的答案居然只有23人。换句话说，如果随机安排23位或更多人在同一房间内的话，其中某些人在同一天出生的概率就会超过50%。如果房间内有57人以上的话，同一天出生的概率就会高达99%。房间内至少有366人的话，两人同一天出生的概率就高达100%。

上述问题是数学家米塞斯在1939年提出来的，由于23人这个答案和绝大多数人的直觉判断完全背道而驰，也由于这个问题很适合用来分析日常生活中的神奇巧合，它如今已成为欧美课堂上的经典例子。自从有历史记载以来，不寻常的巧合一直让人们相信冥冥之中存在一股影响人生走向的力量，殊不知很多巧合原是注定会发生的事，并未超出科学的范畴。

对于许多不常出现的事情,人们往往会用巧合来解释,认为这是命运或缘分在起作用。其实,如果我们认真思考一下,就会发现世界上并没那么多巧合。那么,为什么人们这么愿意相信巧合、命运等一些不可测的东西呢?

著名心理学家弗洛伊德曾做过一些解释,他认为"人类一般具有轻信倾向以及对于奇迹的崇信"。比如,对于很多巧合,假如人们用客观推理的概率去解释,就能找到事物之间隐藏着的联系,但牵涉到自己的生活时,人们并不擅长对事情保持一种客观态度。因为人们具有猎奇心理,对于规律有一种天生的叛逆本能,所以人们会相信存在因果关系之外的奇特事物。

巧合事件,有时往往是带有主观色彩的个人体验。比如,你爱上了一个人,然后会觉得你与她的每一次相遇都是缘分。这是缘分吗?其实这只是你对她的关注程度、优先级别调高了。所以,在许多人眼中的巧合,可能并不是真正的巧合,我们还是能找到一些解释它们的原因的。(文/高程)

## 脑力大爆炸

人类的直觉是有局限的,充满错觉和误判。我们只有将经验与大量的统计数据结合,才能得出更可靠的结论。这也是各种知识从盲目的感受上升为理论的基础。如果我们总是惊讶于小样本的极端现象,就会显得非常盲目。而当你由此理解了各种随机现象时,就不会在面对它们时大惊小怪了。

## 开个脑洞

### 脑中世界大不相同的"联觉者"

"绿杨烟外晓寒轻,红杏枝头春意闹""声声燕语明如剪,呖呖莺歌溜的圆",一首好的诗词中,视觉、听觉等感觉信息常被糅在一起表情达意。"红杏"如何"闹"在枝头?"燕语"如"剪","莺歌"似"圆"又是怎样的一种体验?语文老师告诉我们这种修辞方式叫通感。

著名学者钱锺书的《通感》一文中讲到,"在日常经验里,视觉、听觉、触觉、嗅觉、味觉往往可以彼此打通或交通,眼、耳、舌、鼻、身各个官能的领域可以不分界限。颜色似乎会有温度,声音似乎会有形象,冷暖似乎会有重量,气味似乎会有锋芒……"感觉信息间的这种互通,实在不是"一种修辞手法"这么简单。

对美国密苏里州的女艺术家梅丽莎·麦克拉肯来说,这一切都真实地发生了。对她而言,打喷嚏的声音是浅粉的,闹钟的"丁零"声是青绿的,而现代乡村音乐则是脏脏的黄橙色……因为她是一名有"特异功能"的联觉者。

## 给声音一点颜色瞧瞧

现代神经科学的发现不断让"设计论者"感到难堪。人,万物的灵长,曾被说成是神依据自身形象创造的,然而深入探究我们的大脑就会发现,脑袋里挤下的几百亿神经元没什么像样的顶层设计,反而像是狡黠租客私拉的电线,不断在原有基础上产生新的适应。每一个人,从最睿智的到最愚鲁的,头上都顶着这样一个乱糟糟的器官。这还不算完,尽管所有人的大脑都很乱,但有些人要比其他人更乱。

《星期三是靛蓝色的蓝》是美国两位著名医学学者创作的一本关于联觉的书。所谓"联觉",又叫"通感",指的是不同感觉关联在一起。对于没有体验过这种感受的人,只能通过联觉者的自我报告来体会了。这本书中收录了许多联觉者的体验:有人会说"字母A是我见过的最美丽的粉红色",有人可以从声音中感受到某种形状或触觉体验。

对于没有联觉感受的人,这种体验简直太神奇了。稀缺性与感受的独特性,让联觉成了一个古怪的难题。稀缺是指大多数人没有感知过它,甚至没有和联觉者面对面过。而感受的独特性,让你根本没法体验别人体验到的感受。

人群中到底有多少人是联觉者?早在现代心理学的童年时期,人们就发现了联觉现象。1880年,著名的生理和统计学家弗朗西斯·高尔顿收集各种各样的人类数据,从他观察的人群中发现了能看到"带色彩的数字"的人。根据他的观察,每20个人里就有一个联觉者。但1993年的一项调查却认为,每2000个到2500个人中才有一个联觉者。

此前大部分测试都基于自我报告。2005年,有学者设计了客观的测试,结果发现,每23个人里就有一人具有某种联觉,能看到带颜色的字母或者数字的人大约为1/90。这个数字恐怕比我们设想的多了不少。由于研究也无定论,只能将这个问题放一放,进入第二个问题:联觉的体验到底是怎样的?

这个问题的答案更古怪,可能没有两个人的联觉体验完全一样,甚至要一一列举才能记录各种可能性。常见的联觉体验包括感受到数字和字母的颜色,给日期赋予颜色,对不同的音高和音色产生色彩或触觉体验,等等。

我们只是大致知道哪一种体验真的常见,可即便是较为常见的数字与字母的颜色,联觉者所感知到的也因人而异。一个明显的例子是,那个认为字母A是粉红色的女孩的父亲也是一个联觉者,他们曾经争论过数字5的颜色。

研究者可以列举大量鲜活的联觉体验,这些体验有一些共性,但对于每一个个体,这些体验都是独一无二的。于是,人们很难真正沟通这件事:蜘蛛侠没法向你解释什么是蜘蛛感知,超人也说不清他是怎么透视的。

那么问题来了,联觉是一种天赋吗?看起来似乎是。不少联觉者是艺术家,著名作家纳博科夫就是一位联觉者,其著作中也涉及了独特的体验。如果真是如此,联觉者就比非联觉者在艺术领域多了眼睛、耳朵、嘴巴、鼻子或身体……那么自然有这种可能性:一些艺术家中的联觉者还将自己的感受体现在了创作之中。

就人们迄今所知,联觉体验能提供艺术灵感,因为它给事物提供了更多的感官线索,也有利于记忆——一些联觉者可以用自己的感受记住本来没什么规律的信息。除此之外,说联觉提供了什么更多的生存优势,就没什么数据支撑了。

那么,究竟是什么造成了联觉呢?答案是人们还没弄懂。

现代神经科学已经对人类的感觉通路有了相当的了解。我们知道从光线进入视网膜,到形成视觉信息,信号如何在大脑中传递和处理;我们知道声波如何牵拉了

伦敦泰晤士河上有座著名的波利菲尔大桥。波利菲尔大桥给伦敦增添了不少光彩,但也制造了不少麻烦,因为每年都有很多人选择在这里结束生命。英国皇家医学院的普里森博士经过调查研究,得出了一个惊人的结论:自杀事件与桥被刷成黑色有关。黑色会使人感到压抑和悲观。所以,他建议用绿色取代黑色,因为绿色能给人以生的希望。伦敦政府勉强接受了他的建议,没想到这样做之后,选择在这里自杀的人一下子减少了很多。今天,人们已开始有意识地利用联觉效应来达到不同的目的,类似色彩心理学、音乐治疗、芳香疗法等,其实都和联觉有着内在联系。

耳蜗中的毛细胞,产生的电信号又是在哪里转化成了听觉。联觉,毫无疑问,来自不同感觉通道的交互作用。

过去十几年,联觉从报纸上的奇谈进入了实验室,科学家从不同的角度研究它的由来。第一种可能是,我们的大脑发育要经历一个神经联结减少的过程,青春期时童年形成的联结会消失一部分,大脑随之进入成熟过程。这个消失的过程叫作"剪枝",每一个普通人都会经历这个过程,而联觉者可能保留了更多剪枝前的通路。另一种理论则认为,大脑的兴奋与抑制构成平衡,跨感官的联系对于大多数人而言都被抑制了,联觉者却抑制不足。但无论是哪一种假说,都没有形成定论。

好了,看到这里,可能有人还在怀疑:联觉真的存在吗?如果不存在,这个世界上就有成千上万未经串通就众口一词的骗子,他们为了吸引一点可怜的注意力,而编造自己的特殊感受——这显然是不可能的。既然联觉确实存在,是一种客观现象,那么,这种现象足以引发思考。

因为从古代的佛教思想到现代的哲学研究,人们都在关注一个问题:我们的体验是一致的吗?如果我们感知的世界如此不同,我们又如何真正地了解彼此呢?看起来,同一个月亮映照在一切水上,但联觉提示我们,还有精妙而微小的差异分布在人群之中,你我脑中所映之月,并非一模一样。(文/陈朝)

## 脑力大爆炸 NAOLI DABAOZHA

人们总有一种倾向,就是将一些特异的色彩附加在那些似乎从出生就注定不平凡的人身上。其实仔细探查,每个人都被赋予了始终向上的能力,但凡我们能将这种能力发挥到一定程度,都堪称"天才"。"别为大海的浩瀚而忧虑和沮丧,如果你是一只最浅的碟子,只要你能装最满的水,你就会是一只最优秀的碟子。"

## 开个脑洞

**吃东西为什么不要发出声**

托尔斯坦·凡勃伦是美国著名经济学家，曾阐述过人类礼仪的由来。他认为，有闲群体总是想尽一切办法让自己和下层社会区分开来，其中最重要的一点是，他们不事生产，有大量的时间可以消磨。在餐桌上，有闲群体为了炫耀自己有大量的闲暇时间，所以一小口一小口地吮吸汤汁、细嚼慢咽、轻啜美酒。饮食不发出声音让他们区别于饿汉，说明他们并不饥肠辘辘，完全不用狼吞虎咽。

在身份制盛行的时候，礼仪得以充分滋长。法国著名作家玛格丽特·杜拉斯在《情人》中写道："当时妈妈和两个哥哥都到西贡来，我说他应该趁此机会请他们上最大的中国饭馆，因为他们没见过大世面，他们从没上过大饭馆吃过饭……晚餐总是按同样的方式进行的。我那两个哥哥只顾狼吞虎咽，顾不上跟他说话，甚至连看他一眼都没工夫。"这里描写的不单是餐桌礼仪和家庭出身，还有更多微妙的阶层关系。

# 让顾客多掏钱的菜单应该什么样

当你衣冠楚楚地走进一家米其林餐厅，踏着若隐若现的背景音乐，被引导到订好的餐桌旁，一场颇有仪式感的进餐开始了。或许你之前对吃什么做好了功课，可在戴着白手套的服务员恭敬地递上那本深色皮封面菜单时，计划似乎要被打乱。

这样的高级餐厅会将菜单做得很有质感。因为当服务员把菜单递给顾客时，顾客注意到的第一件事可能是菜单的重量。较重的菜单暗示这家餐厅的档次较高，会使顾客期望得到较高水平的服务。

接过有分量的菜单,翻开封面即可看到页面上印着紧凑的斜体字。斜体字会让人感受到较高的品质。瑞士研究人员的一项研究发现,葡萄酒的标签文字使用较难读懂的字体比使用较简单的字体更受欢迎。经济学家斯彭斯的研究也发现,消费者常常把圆体字和甜味联系起来,而棱角分明的字体则暗示着咸、酸或苦的体验。"餐厅会利用这一点促使人们去点比较贵的菜。"英国牛津大学实验心理学和多感官感知学科教授查尔斯·斯宾塞说。

感受完菜单的分量和字体后,顾客的目光开始被菜单里一些对菜品天花乱坠却又不知所云的描述吸引,这时菜单中语言的重要性就显现出来。在一些情况下,给菜品添加描述性的名称有可能让其销量增加27%。"报出种蔬菜或养猪的农民的名字等,都有助于增加产品的可信度。"斯宾塞说,"即使是杜撰的,对消费者来说,这也是品质的标志。感性的词语也会增加菜品的吸引力。"

菜单上的门道其实都指向同一个方向:让顾客心甘情愿地花更多的钱。这套本领并不仅仅是米其林之类的高档餐厅独有的,在街边的小店里也能看到这个套路,比如在以卖咖啡著称的某咖啡馆菜单上,一直有法国瓶装依云水的一席之地。

"银塔餐厅"是法国一家专卖烤鸭的餐厅,诞生于1582年,距今已有400多年的历史。"你吃的是第几只鸭子"是"银塔餐厅"2017年打出的广告语,让这家餐厅再次红遍法国乃至整个欧洲。1873年,这家餐厅的老板为了打假,对每只烤鸭都进行了编号,后来还把顾客的名字一同记录下来,使这家餐厅的名气越来越大。看看"食客名录",英国国王爱德华七世吃的鸭子编号为328号,喜剧大师卓别林吃的鸭子为2536252号,影星伊丽莎白·泰勒吃的鸭子是579051号……一个看似简单的编号行为,创造出了产品以外的更深意义。

20元一瓶的水是不少店里销量最差的单品,之所以会牢牢地在菜单上占据一席之地,老板并非真的希望顾客购买更多的依云水,而是拿依云水垫底,让新顾客感觉店里的咖啡价格并不贵。一瓶依云矿泉水的价格比店里绝大多数主打产品要便宜,比如小杯的美式咖啡价格是25元,依云水是20元。在这种情况下,很多人就会觉得,与其买一瓶水,还不如多花一点钱买一杯咖啡。在这种思路下,水就成为菜单上让人花更多钱的"托儿"。

在餐馆的菜单设计上,还有另一种让人多花钱的思路,即对菜品进行尽可能详细乃至累赘的描述,比如人们看到"喂食草料的69天阿伯丁安格斯牛菲力和迷迭香厚切炸薯条"时,第一反应是这要比平时见到的"牛排配薯条"高档得多。

美国斯坦福大学计算语言学教授丹·朱拉夫斯基分析了6500份菜单上的65万种菜品的用词和价格。他发现,描述菜品的用词越长,菜品价格就越高。每超过平均词语长度一个字母,菜品的价格就会增加18美分。描述越详细,菜品的价格越高,顾客就越会觉得物有所值。研究人员发现,如果只写"纽约牛排43美元",这样就显得很贵;但如果写上一段话,解释它来自什么地方、成熟的时间有多长,顾客就会觉得比较划算。

向顾客发送信号的不仅是菜单上的文字,还有文字的颜色。绿色常常被用来暗示健康、新鲜的食品,而橙色被认为是对胃口的模仿——这是佛罗里达州奥兰多全球餐厅咨询师、菜单设计心理学专家亚伦·艾伦的看法。艾伦说,红色代表紧迫感,可能会暗示顾客,这是主厨最想要他们点的菜,因为这些菜的利润要更高。

位置是不可替代的稀缺资源,知道这一点的不只是房地产开发商,也包括菜单设计者。调整菜单上菜品的顺序会对顾客的选择产生较大的影响。把最贵的菜品放在最前面,会让后面的菜品价格看起来比较合理。艾伦说:"仅仅依靠重新调整菜单上菜品的顺序,就可以让餐厅增加利润。"

通过眼动追踪技术,研究人员发现顾客看菜单的方式很固定。他们看菜单就像看书一样,不过在每一页上都有一些聚焦点。顾客通常会看右上角,所以菜单上的这个位置是最佳位置。黄金位置总是有限的,在有限的空间里放置过多的菜名会适得其反,因为过多的选择会影响顾客的决定。

一般来说,超过7种菜品就有可能让顾客选不过来。为了解决这个问题,菜单专家建议餐馆把菜单分成区块,每一部分包含5种到7种菜。数年前,英国伯恩茅斯大学的一项研究发现:在快餐店,顾客希望每种类别包含6种菜;在高级餐馆,他们希望选择的范围更大一些,在7种到10种菜品。

值得注意的是,新兴的数据分析能让在菜单的黄金位置上放哪些菜品更加精确,这为一些大型连锁餐馆提供了菜单设计的依据。羊羹虽美,众口难调,大数据让满足每个人饮食偏好的个性化电子菜单成为可能。(文/张燕)

## 脑力大爆炸

人的诸多行为基本都是可以预测的。对其一系列复杂的行为,只要做精细的统计,大致可以做出有效的判断。细节当中有天使,当我们对一些事物的观察足够深入,它就可以给我们的学习和工作给出更清晰的路径。

## 开个脑洞

**书里的美味看起来很好吃**

在日本，有一种有趣的"舌尖"文化，就是按照书籍或动漫中美食的样子，在现实中还原出来。可见光好吃是不够的，美食背后的故事往往能产生惊人的附加值。感知有多深就看你够不够文艺了。比如日本伊豆市就卖过以作家命名的限量盒饭，包括夏目漱石、井上靖、若山牧水、川端康成四种。日本动画大师宫崎骏漫画里的食物也被一一还原过，例如《天空之城》里的加蛋厚吐司，《红猪》里的法式白汁鲑鱼。

我们其实也有类似的做法，比如有人饶有兴致地设计的"红楼宴"，还原了《红楼梦》中的糟鹅掌鸭信、茄鲞等美食。金庸的武侠小说中也有不少对美食的描述，比如黄蓉招待洪七公的"玉笛谁家听落梅""二十四桥明月夜"等。于是，有人根据金庸所撰仿制出来。20世纪90年代后，"张爱玲热"兴起，有人自娱自乐做"张爱玲宴"，重现作家文字中提及的虾仁吐司、蒜炒苋菜等，也不无乐趣。美食与文艺都需感性与灵性，厨房与书房本来就相通。

## 食物激发天才

天才和食品有很多共同点，两者都需要培育、激发或偶尔恐吓一下。如果你扫描历史上那些最伟大的头脑，就会发现，许多人都受到了某些食物或饮料的启发，有些人则拥有非常奇特的饮食习惯。出现这种情况一点都不奇怪。

发明家爱迪生用汤作为面试工具。爱迪生通过这项测试，观察应聘者喝汤之前是否会添加作料。如果他们连味道都不尝就加作料，比如胡椒，爱迪生就不再考虑他们。在他看来,这项测试的目的是剔除那些一开始就自以为是的人。

法国作家巴尔扎克把喝咖啡提升到了一个新水平。他那句"我不在家,就在咖啡馆;不在咖啡馆,就在去咖啡馆的路上"至今也无人能出其右。他在通宵达旦工作时,会喝掉50杯高浓度的咖啡。"咖啡一落入你的胃,马上引发身体的骚动。"他在发表于19世纪30年代的文章《咖啡的快乐与烦恼》中写道:"思想列成纵队开路,有如三军的先锋,战斗打响了。"巴尔扎克说,他的每本书都是由于"流成河的咖啡"才得以完成。他说:"它刺激我的大脑达15个小时左右,这是一种危险的刺激,它还引起我的胃痛。"这场战斗巴尔扎克必输无疑。他在51岁时早逝,死亡原因正是咖啡因中毒。

许多天才都是挑剔的食客。希腊数学家毕达哥拉斯讨厌豆子,他禁止自己的追随者吃它们,甚至禁止他们触摸它们。亚里士多德在其《论毕达哥拉斯派》中说:"毕达哥拉斯忠告人们戒食豆子……或者是因为它们有害,或者是因为它们像宇宙的形状,或者是因为它们属于寡头政治,因为人们用它们来抽签选举。"他对豆类的厌恶最终也导致了他的死亡。相传,当时有袭击者要抓住他,在逃跑的路上,他拒绝踩踏豆田而被抓住处死了。

许多天才都是素食主义者,其中包括达·芬奇、甘地、萧伯纳等。

苹果公司创始人乔布斯对食物有些怪异的想法,在唯一由他授权的传记中,著名作家沃尔特·艾萨克森说,这位"硅谷神童"对食物极其挑剔,而且对任何食物都会立即做出极端的评价:美极了或糟透了!一般人会觉得毫无区别的两个鳄梨,乔布斯尝一口就会宣称,一个是世界上最好吃的,而另外一个难以下咽。

即便在结婚后,乔布斯依然保留了那些怪异的饮食习惯:他会连续几个星期吃同样的东西——胡萝卜,吃到身体都变成了橙色,或只吃苹果。当乔布斯被诊断出癌症以后，他最开始不愿意进行肿瘤切除手术，想另找可行的办法。他的方法就是实行严格的素食——摄入大量的新鲜胡萝卜和苹果汁。除此之外，还尝试过各种草药、针刺疗法，还见过灵媒。在术后内分泌代谢障碍的情况下，他依旧坚持过去的饮食习惯，直到生命的最后……

在乔布斯看来，节食与禁食能够净化身体，而消化食物是令人厌恶、浪费精力的玩意儿。同样有这样思想的，还有古希腊讽刺作家阿里斯托芬，他把雅典人敏锐的智力归功于其低热量的饮食。

能带来灵感的食品不一定具有吸引力。诗人和哲学家席勒，在他的办公桌下总是放着一箱烂苹果。他说："这种气味让我想起了陪伴自己长大的乡村。"

给天才带来启发的也不一定是某种食品和饮料。一场宴会之后，参与者之间欢乐的智力交流可能更能孕育才智火花。古代的雅典是世界上最早孕育"天才集群"的地方之一，城市生活的核心是讨论会或称"会饮"——从字面意思看，就是"聚在一起喝酒"。与会者花几个小时的时间，一边喝着稀释的葡萄酒，一边讨论哲学、诗歌，还有最新的八卦。

民以食为天，说起古代的吃货们，传奇故事可谓层出不穷。清代采蘅子的《虫鸣漫录》中便记载了一则与纪晓岚有关的"舌尖"故事。纪晓岚自称野怪转世，以肉为饭，一辈子不吃大米，只偶尔吃一些面点。纪晓岚的嗜好确实不一般。纪晓岚在自己的《阅微草堂笔记》里还自称遭遇过假货。一天晚上，馋虫闹得厉害，立即去集市买了一只烤鸭，回来一看，竟然是假的。只是在骨架上搪上泥，外面糊纸，染成烤鸭的颜色，再涂上油，灯下便难分真假了。看来学问再大，也有被骗的时候啊，不得不防。

18世纪的爱丁堡处于苏格兰启蒙运动的中心,而当时的牡蛎俱乐部担当了知识搅拌器的功能。当时,牡蛎被认为是平常的食物。该俱乐部的创始人是经济学家亚当·斯密和哲学家大卫·休谟,他们每天消耗大量的牡蛎和红葡萄酒,与俱乐部的其他成员(全部为男性)交谈,话题无所不包。

也许餐馆作为创造力发动机的最合适的例子非维也纳咖啡馆莫属了。"在这座城市的黄金时代,1900年左右,咖啡馆实际上是一种只要花一杯咖啡钱,人人都可进入的民主俱乐部。"奥地利作家茨威格在他精彩的回忆录中这样写道。

这一杯咖啡的花销能带给你什么呢?对于刚刚起步的写作者来说,意味着有取暖设施的房间,这在物资短缺时期尤其难能可贵。茨威格说:"必须知道维也纳的咖啡馆是一种非常的设施,在世界上还找不到类似的设施能与之相比。"

茨威格认为使他了解一切新鲜事物的最好的教育场所,始终是咖啡馆。咖啡馆里有你想得到的各种信息,非常多的信息。维也纳咖啡馆仿佛今天的互联网,他们提供当天的报纸,这些最新的报纸被装在长长的木棍架上。所以,茨威格说:"一个奥地利人在咖啡馆里,能够十分广泛地了解到世界上发生的一切,而且可以随时和朋友们进行广泛的讨论,也许再也没有比这更能使他的头脑灵活和掌握国际动态的地方了。"(文/赵宁宁)

## 脑力大爆炸

对一个能在生活中有良好感觉的人来说,往往不会有太过黯淡的忧郁。如果能在学习或工作时对身边的事物多一些兴趣,具备可以观察一些微妙生命力的能力,那么人生里焦灼暴躁的时刻就会减少很多,而自由、灵感也会增加很多吧。

词人辛弃疾原是一名剑客

辛弃疾是宋代堪与苏轼并列的豪放派词人,他还有一个身份却鲜为人知,那就是武功高强的剑客。吹嘘"十五好剑术"的李白或许不是他的对手。辛弃疾出生在济南府,少年时济南已沦入金国之手,他的祖父也在金朝为官。但辛弃疾要效忠的是大宋。

公元1161年,金主完颜亮攻宋,后方中原故土的宋朝遗民趁机发动起义。22岁的辛弃疾也拉了一支两千余人的队伍,加入耿京领导的山东义军。次年,辛弃疾受耿京委派,潜回南方拜见宋高宗。高宗大喜,封耿京为天平军节度使,让辛弃疾带委任状潜回金国,召耿京归宋。

但辛弃疾回到山东时,却获悉一个晴天霹雳般的消息:耿京已被叛将张安国杀害!张安国带着耿京人头投奔金营去了。这可如何是好?辛弃疾竟率领50名勇士,直闯敌营。其时张安国正在金营酣饮,辛弃疾突然闯入,生擒张安国一路南下,直达杭州。时辛弃疾23岁,关羽之勇,也不外如是吧。

# 真实的"江湖"有意思

虽说有人的地方就有江湖,但如果江湖里面的人太少,就算当上武林盟主,也显得门槛太低,没有说服力。所以,想当大侠,万万不推荐出趟远门还要登记姓名、住址的年代。不过这么看的话,除了乱世,似乎也没啥可选了。

这事全得怪秦始皇。不让百姓随便出门的原本是商鞅,统一六国之后,秦始皇把商鞅的政策推广到了全国。再往后,各个朝代的皇帝,就都开始变着法儿不让人

出远门了。

　　熟读唐诗的话，看到这儿可能要犯糊涂了，既然如此，李白那句"十步一杀人，千里不留行"是从哪儿来的？行侠仗义，在唐朝总是可以的吧？

　　拿唐朝当时的国际化大都市长安来说吧，里面全是市坊。这就好比一个现代城市里面都是全封闭的大型住宅小区，而且不光小区，菜市场也是高墙大院。你作为一个唐代大侠，接到了于夜黑风高之时飞檐走壁的活计，除了翻墙费劲，在行侠仗义之前，没准儿还得挨一顿揍。当然，趁着夜色在树上避一避也不是没有可能，但那是公元815年之前的事。那年，一群刺客藏在路旁的大树上，趁着"早高峰"把赶着上班的宰相武元衡杀了。打那之后，唐代长安的大街上就再也没有种过树。

　　相比之下，宋代可能是对江湖侠客们最宽容的朝代了。不仅拆了市坊，取消了宵禁，就连不好好种地到处乱跑的人，官府也都爱管不管。虽然出门方便了，但请先把手上那把晨练用的宝剑放下，那可是当时的管制刀具。实际上，想要在宋朝拣一样顺手的兵器，选择真的不多，因为那时只有《水浒传》里的英雄好汉们所用的朴刀。

　　可别把影视剧中的环首大刀跟朴刀简单地画上等号，因为说到底，朴刀不算是一种武器。在宋朝，这种像大铁片子一样的刀具是斩草用的农具，禁了它，农民就没法下地干活了。当然，你要用它削瓜切菜，当时的人看到了估计也不会觉得奇怪，因为朴刀的形状简直就和西瓜刀一模一样。所以，用朴刀练独孤九剑，真的不推荐。

　　相比之下，汉代似乎是一个属于侠客的黄金朝代，《史记》《汉书》《后汉书》都专门给游侠立过传。行走江湖还能名留青史，想想看，在哪个朝代能有这般礼遇？只不过，想在那时候当大侠，你最好看一下家谱，尽快认个亲戚，抱个大腿。汉代豪侠比高低，可不是比武艺，而是比谁的家人多。

比如《史记》和《汉书》中都有记载的济南瞷氏，同族亲戚有300多家。而《汉书》里的另一位游侠楼护在出差路过老家时，借上坟的机会和亲戚朋友会面，一天就花费上百金。

可能你也注意到了，楼护会见亲友的地方是在祖坟旁边。这是因为汉代法律严格禁止民众集会，3个人无缘无故聚在一起喝酒就会被罚款。而允许汉代游侠们碰头开会的情形，也只有家人去世和祭拜先人了。

所以，你会看到这种奇怪的场面：游侠剧孟的母亲去世之后，上千英雄豪杰乘车从各地赶来送丧。而刚才说的楼护母亲的葬礼规模更大，如果当时有停车场的话，得有两三千个车位的规模。没办法，开个武林大会实在太不容易了。

既然出门不方便，武器也找不到，入个江湖门派，学一些拳法武功权当强身健体，总该可以吧？很遗憾，你今天知道的那些武林门派，在古代很可能没有多少知名度。拿少林派和武当派来说，这两个门派第一次被更多的人知道，要等到1927年了。当时的国民政府在南京成立了中央国术馆，把民间流传的各种武术门派会聚到了一起，分成少林、武当两派开班授课。

实际上，回到古代，你会发现，能学到正经功夫的地方大多都和军队有关。流传至今的武功秘籍大多是由军人整理出来的，比如明代大将戚继光编著的《纪效新

司马迁的《史记·游侠列传》算是最早有文字记载的中国武侠传记。太史公笔下的"布衣之侠""乡曲之侠""闾巷之侠"，"其言必信，其行必果，已诺必诚，不爱其躯，赴士之厄困"。司马迁从不渲染他们的武斗场面，在司马迁心中，侠首先是一种精神、一种道德，而不在于武功高强。这种对侠的核心判断，一直影响着中国之后几千年的武侠文化。练武只是武侠的一部分，而行侠，才是武侠的重中之重。

书》。这本书把民间各类拳术整理了一遍，今天能见到的大部分武术套路，都是从戚继光之后发展起来的。

到了清代，参军学功夫可就不那么容易了。一来八旗制度严格限制满、蒙之外的其他民族参军；二来清朝在建立之初，就实施了严格的禁武令，除了没法拿刀出去晃之外，在街边打架，也是犯法的事。想在这样的光景里光明正大地学上一招半式，只能去镖局。

明末清初，镖局的标准开业仪式是"亮镖"，说白了就是把当地的名人和同行，甚至绿林豪强找来吃吃喝喝，顺便看一下我家的"武术表演"。不过"亮镖"可不是请客吃饭这么简单，中间少不了有人踢馆，要是出了差错，镖局干脆就别在这里开了。

好了，把武术放在一边，最后我们来揭晓一个绝对真实存在的群体，说说他们在历史上到底是个什么样。

对，说的就是丐帮。

见打狗棒如见帮主的描述，在现实的丐帮中确实有原型。在清代的文献里面，丐帮帮主的必备行头中就已经有"杆子"了。这根杆子有多重要？帮中有人"违法乱纪"，可以用杆子抽打；新乞丐入帮，外地乞丐前来拜访，也要先走个拜杆仪式。

南宋首都临安的丐帮，帮中成员的破衣烂衫都得靠帮主置办。碰上雨雪天气没法乞讨的时候，帮主还得做饭养活帮里的乞丐。不过丐帮帮主也有收入：可以从其他乞丐的"收成"里面分成。

明代冯梦龙的小说中说，有一位丐帮帮主就借着从帮中乞丐那里收来的分成放高利贷发了家。不过，丐帮帮主富甲一方也不算什么新鲜事。明万历年间，北京的丐帮帮主收入比公务员还高；清朝初年的丐帮帮主，生活水平也绝对在平均线以上。

以上这些基本与武侠小说当中的描述相符。而古代的丐帮和武侠小说中的丐帮，最大的区别就是势力范围。中国历史上的丐帮帮主大多是"地头蛇"，出了城墙就没了声音。而像洪七公这种喜欢云游四方的帮主，放到古代简直就是负分。

（文／周峰）

## 脑力大爆炸 NAOLI DABAOZHA

有人有故事可讲，有人讲出了故事，有人咀嚼这些故事，一如这是他们灵魂的食粮。这是人类的幸运，因为故事或者说历史，确实是灵魂的食粮。而对于一个故事来说，最好找到绝佳的讲述方式，仿佛世间万物非于此则无存其重。这样，即便时间过去，历史或好的故事依然可以流传，不至让后来者盲目走向未来的路。

### 枪打出头鸟的"背景"究竟有多深

西部片中,酒馆门口,好人和坏人决斗,这时一定是坏蛋先拔枪。一声枪响,两个人都屹立不倒,忽然"扑通"一声,坏人倒在地上。这是电影中惯用的套路:后出手的人总是赢。科学家研究了这个决斗问题,对这种现象的解释是:大脑对危险做出回应的速度,比执行一个有意的动机更快。

"后出手制胜"这种现象也普遍存在于商业活动中。跟在别人后面采取行动有两种好处,一是看出别人的策略,立即模仿,可以保持行业领先地位;二是再等等,这样可以验证别人的策略是否奏效,然后决定怎么做。在商界,等得太久往往不会太糟,因为商业和体育比赛不同,这里的竞争者通常不会出现赢家通吃的局面。

西部片的编剧们可能没想那么多,不过他们这么编其实也是一种后发制人的跟随策略——前面的剧情也是这么编的,票房似乎还不错。于是,片中"侠士们"在大街上被人追杀,尽管有很多事要做,但弄翻两旁的小摊是重要的,因为前人也是这么干的。

## "剁手党"一定要了解的经济学原理

2017年的诺贝尔经济学奖被授予美国经济学家理查德·泰勒。

泰勒被视为现代行为经济学和行为金融学领域的先锋经济学家。也许对泰勒的名字你还比较陌生,其实他的理论早已深入我们生活的方方面面,比如在"购物节"抢购商品。

我们的大脑是一个精明的管家。我们打开购物网站，看到喜欢的商品，这个阶段是大脑的伏隔核在起作用，让我们两眼放光。

接下来，我们会关注价格，这个阶段是大脑内侧前额叶皮质和脑岛在起作用——付钱让我们感到犹豫和痛苦。

是否要购买这件商品，就取决于大脑对愉悦和痛苦的比较。

我们在"购物节"成为"剁手党"，是因为我们的大脑产生了神奇的变化——对得到过度兴奋，而对付出的痛苦则不那么敏感。

这一切是怎么发生的呢？

"购物节"开始前，我们往往会抢很多优惠券。

我们为什么会看重优惠券？实际上，优惠券并不是免费的，抢优惠券这件事有很高的成本，这就是"机会成本"。如果我今天去登山，就不能待在家里看球赛，那么我登山的机会成本就是看球赛的乐趣。当然，和实际支付的现金相比，机会成本是模糊而抽象的。

商家通常会把抢优惠券这件事设计得很复杂，让很多人失去抢优惠券的意愿。

以色列经济学家阿扎尔研究发现，如果一个足球守门员待在中路不动，扑住点球的概率为33.3%，扑向左右两侧的概率分别只有14.2%和12.6%。但事实上，守门员守在中路不动的概率极低，其原因是守门员"如果等在原地不动，认为球会直直打向中路而不进，看起来就像个笨蛋"，所有的观众都会觉得你根本没有用心。而飞起身来扑向一侧会让他觉得更有掌控力，也更有观赏性。所以最好的方案，不见得是最科学的方案，但一定是每个人基于自身利益考量而选择的方案。这就是经济学研究的魅力。

然而，这样设计并不是没有道理的。因为它起到了"分离均衡"的作用，也就是说，这些复杂的设计起到一个筛选作用，让真正想要得到优惠券的人得到优惠券。

我们之所以看重优惠券，其主要原因在于"禀赋效应"，也就是人们不愿割舍自己已经拥有的东西。

泰勒教授说，他的同行芝加哥大学商学院前院长罗塞特教授喜欢收藏葡萄酒，他从拍卖会购买葡萄酒，出价从不会高过每瓶35美元，但是一旦拥有，即使对方出价高达100美元，他也不愿意卖出。作为一个商学院的院长，他一定知道这样做显然不符合经济学常识，但因为他和这些酒"建立了联系"，所以它们不再是普通的酒，而是在收藏过程中的美好回忆。

同理，当我们千辛万苦得到这些优惠券时，它们就在我们眼里有了特殊的价值。这些优惠券包含你和"朋友"之间合作的故事。也就是说，你已经和优惠券建立起了感情，因此你会看重这些优惠券的价值，不会轻易把它们浪费，并千方百计地使用它们。

接着，刷"支付宝"会让我们愉悦地付款。

我们把各种要抢购的商品放进购物车，然后迅速合并付款，看着"付款成功"的提示，心头有一种说不出的舒服。

泰勒说，经济学家普利莱克和西门斯特曾发现，在大额交易中，要求使用信用卡时人们的支付意愿，比要求使用现金时高得多。他们观察到，在对有波士顿凯尔特人队参加的篮球赛门票的密封投标拍卖中，要求使用信用卡的支付意愿比要求使用现金交易时高出近100%。

我们把这种情况称为"支付隔离"。

"支付宝"付款的道理和信用卡付款一样，起到了消费和支付隔离的作用，大大削弱了我们购物时支付现金的痛苦。

比如经济学家索曼就观察到，在校园书店中，学生如果使用现金而不是使用信用卡，支付完成后，当他们走出书店店门时，能更为精确地记住花费的金额。

另外，当众多商品被放进购物车中合并付款时，单个商品会失去凸显性。单买50美元的支付痛苦要大于在843美元账单的基础上再买50美元东西的痛苦。

当你的购物车里有几千块钱的东西时，你很容易手一痒，又把100多块钱的东西拖进购物车，这时的支付痛苦远远小于单独购买这件物品时的痛苦程度。

当你在整理衣柜时，往往会发现去年抢购的衣服还包装完好——虽然价格便宜，但似乎超出了实际需求。你于是很犹豫，今年到底还要不要再在零点抢购一大批商品。实际上，打折商品往往会让你忍不住接着买。

泰勒教授举了个例子。你在炎热的沙滩上想喝一杯冰镇啤酒。这时有同伴起身要去打电话，他说可以给你带瓶冰镇啤酒回来。沙滩附近只有两个地方卖啤酒，一个是高档的度假酒店，一个是又小又破的杂货店。

同伴说，这里的啤酒可能卖得很贵，如果啤酒的售价与你愿意支付的钱一样多或者更低，就帮你买一瓶，但如果高于你能承受的价格，那就不买了。那么你愿意出多少钱呢？

泰勒做了一个调查，人们愿意为在度假酒店和杂货店购买啤酒所支付的现金中位数分别为7.25美元和4.10美元。

为什么同样的啤酒在同样的地方饮用，人们却愿意为不同档次的购买地点而支付不同数额的钱呢？这就是"交易效用"在起作用。

"交易效用"指的是实际支付的价钱和参考价格之差，而参考价格是消费者的期望价格。如果是正的交易效用，你会觉得很划算；如果是负的交易效用，你就会觉得被人敲了竹杠。

消费者会迷上交易效用所带来的兴奋感。在面对巨大的折扣时，我们会觉得捡了大便宜，而划算的交易很容易引诱我们购买没有用的商品。但想要断掉人们期待划算交易的瘾，可不是一件容易的事。

泰勒总结说："对消费者来说，希望在'购物节'买到物美价廉的商品是理所当然的，精明的消费者可以从中节省不少钱。但我们不应该上交易效用的当，仅因为东西太划算，就去购买根本不需要的东西。"（文／岑嵘）

## 脑力大爆炸

学习有两种模式：一种是从信息到概念，然后储存；另一种是从一种感受到另一种感受，然后输出。后一种方式就是人们常说的，让知识穿过身体，将知识的消费变成知识的创造。生活中充满各种零散的、有趣而富于意义的材料，运用知识去研究它们，归纳它们，就能得出指导人们行为的方法，这会是一笔宝贵的财富。

一天，庄子做梦，梦见自己变成了一只蝴蝶。这只蝴蝶在庄子的梦中翩跹飞舞，自由自在，很是惬意。庄子醒来之后突然产生了一个困惑，这个困惑实在是一个非常残酷的问题，让他并不怎么开心。这个问题就是，究竟是自己做梦变成了一只蝴蝶，还是一只蝴蝶做梦变成了自己？在这里，庄子提出了一个非常严肃的哲学问题——人如何认识真实。

将这个问题扩大，如果一个人从出生那一刻开始便被灌输虚假的记忆，比如戴上虚拟现实眼镜，等他长到成年，他还分得清什么是真，什么是假吗？实际上，我们所接触到的任何信息都存在真和假的问题，甚至有哲学家指出，所谓的科学，不过恰好是一套符合现实逻辑的说辞罢了，是否真实仍未可知。即便科学是客观真实的，如果我们却不具备足够的知识和理性，也很容易被欺骗。当虚假的记忆和信息充斥在我们周围，如何不被"洗脑"，实在是一件需要足够警惕的事情。

## 小心！记忆黑客可能正在编辑你的脑

在搜索引擎上输入"植入记忆"4个字，出现的是一批科幻电影、小说。于是，很容易脑补出这样的画面：穿白大褂的科学家，捏着半个指甲盖大的芯片，替人镶入大脑。不管是用电脉冲还是芯片，记忆被物化为一种可携带的东西。植入记忆，变成一种高不可攀的、仅供想象的尖端科技。

但在现实中，茱莉亚·肖（Julia Shaw）女士敢自称"记忆黑客"，她是伦敦南岸大学法律和社会科学系的高级讲师、研究员。她向人们剖析，无须芯片，就可

将一段虚假记忆植入大脑。

"有时一串钥匙,你记得明明挂在门边,但去看就是不在,这是生活中的常事。这说明,记忆不可靠,能理解这个,对于解释如何植入虚假记忆非常重要。"茱莉亚在接受采访时谈到。

在她看来,记忆是一张遍布于脑细胞之上的网,其产生机制是一个个神经细胞和节点串联。但并不是每次串联都通畅,一旦重搭、错搭,就会出现错误记忆。此外,记忆有创造的成分,是允许修正的,细胞再次串联时,人能破旧从新,接受和学习新事物。但另外来说,也可能接收到一段虚假记忆。

植入虚假记忆简单得让人害怕。她说:"你需要让被植入者分不清想象和真实记忆,让他们不断想象这个虚假记忆发生过。"

她谈到一个植入虚假记忆最常见的场合——家庭聚会。大家一起回忆一件事,发现不同人口中的版本很不同,最后大家会接受记忆拼凑后的一个版本,但那很可能也不准确。在这其中,每个人都很容易受影响。

为证明植入的可能性,她反复做过实验。"你父母告诉我在你14岁的时候偷过东西,还招来了警察。"她曾如此告诉实验志愿者们,称自己获得了内部消息。此

一些回忆会让你感到痛苦吗?那就让科学家帮你一键删除吧。科学家研究发现,虽然我们的大脑中有数以亿计的脑细胞,但只有少数脑细胞是与痛苦记忆相关的。在对老鼠进行的突破性研究中,科学家成功找出了与"恐惧或威胁"记忆有关的脑细胞,并成功把它们删除。最重要的是,他们可以删除关于某件事的记忆,同时不影响其他记忆。抹去痛苦的记忆可以帮助那些患有创伤后应激障碍的军人,以及其他有痛苦回忆的人。但这样做也存在伦理障碍,一些伦理学家认为,删除记忆意味着删除一个人身份认同中的重要部分。

外,还让志愿者知道她给他们父母打过电话,并提供具体的谈话信息。"这样一来你就会相信我,你知道我联系了你的父母,而你信任他们。"接下来,她会一一罗列被植入者的细节信息,年龄、老家、他们童年最好的玩伴的名字,并让他们一遍遍重复想象他们的犯罪过程,就算他们根本没这么干。几周下来,甚至更短的时间,"被植入者会难以区分他们的想象和实际记忆,最终会认为偷窃真的发生了"。

在她看来,研究虚假记忆,或能帮助解释一些看似无解的情况。"在地下车库,刚停好车,没来得及熄火,就看到它们出现在后座上。它们的两只眼在我们的眼睛和颧骨之间的位置,没鼻子,嘴是裂开的,很薄。"访谈录《天才在左疯子在右》一书描述了一个非精神病人见到外星人的场景。

"当有人坚信他们被外星人抓走过,若精神疾病和其他可能性都被排除时,那很可能这个人有了虚假的记忆,他们自己一遍遍想象着这个虚假记忆,或者是这个虚假记忆在不断被提及——于是,他们开始相信这真的发生过。"茱莉亚谈到。

但更重要的是,植入虚假记忆的可能性,为司法系统敲响了警钟。25年前,为帮助被性侵女性,西方社会出现了女权运动潮。在巨大的群体情绪中,加之细节被反复提起,很多女孩误加了被性侵的记忆,从而导致一些人被误抓。

她说:"审讯过程是可以时刻左右人的记忆的,警察的询问方式、一些被联想的细节,都可能导致虚假记忆。据我所知,现在一些监狱里,还蹲着因虚假记忆或虚假证词被判入狱的人。这项研究的用意之一是,让大家对审讯更谨慎,考虑问题更全面严密。"(文/龚菁琦)

## 脑力大爆炸

科学的发展,为人类生活带来了巨大飞跃。但同时,科技的潜在风险,特别是科技与伦理之间的冲突也越来越明显。对此,我们很有必要用清醒的头脑厘清科技发展过程中的各种问题,趋利避害。

 **史上最强强迫症患者到底有多强**

宋人沈括堪称"强迫症癌"晚期患者,作为《梦溪笔谈》的作者,他秉持科学态度,不时写些"挑刺"的学术论文。比如司马相如在《上林赋》中写道:"荡荡乎八川分流,相背而异态……东注太湖……"原意指泾水、渭水等八条河都汇入了太湖。沈括看后表示,这是睁着眼睛说瞎话,八条河汇入的明明是黄河。再比如杜甫在《古柏行》中写道:"霜皮溜雨四十围,黛色参天二千尺。"沈括又不乐意了,他指出四十围相当于直径七尺,两米多点,一棵直径两米的树高五百多米,并且没倒,杜甫妥妥是在吹牛啊!

书法家米芾可谓经过"质量认证"的洁癖达人,他洗手有专门的银器,洗手后,嫌毛巾脏,就通过甩手甩干。有一次,他的鞋子被别人误拿了去,归还后,他就拼命刷,直到把鞋子刷坏为止。后来他因为类似的事倒了大霉,作为主持宗庙祭祀的官员,他嫌皇帝赐的祭服前人穿过,就拼命洗,直到洗褪色为止,结果因这茬事,直接被罢官。

## 强迫症到底是个什么鬼

  如果说有哪些现象会让大多数人心有戚戚焉,"我就是,我也有",强迫症一定名列其中。在一些社交场合,"不好意思,我好像有一点强迫症"简直可以像"你是什么星座的"一样作为破冰话题。每逢抛出,必会收到一堆回应:

  我吃完食物,一定要把装食物的塑料袋打一个结再扔掉!

  我在学校时洗澡刷卡,必须刷到整数或者几块五毛;

我冲洗碗碟器皿时一定要默默念诵"既不聚成水滴，也不成股流下"；

我喜欢将书架上的书按照书脊的颜色顺序排列，如果有几本书因为颜色不易归类，我宁愿忍痛将它丢掉……

不过，笑过之后，仔细想想：我们说的"强迫症"真的是临床意义的强迫症吗？每个人都踊跃举手"我也是"，说明这些症状不过是戳中了人们生活中的一些隐秘的点，而真实情况并没有严重到影响我们的正常生活——至少我们还能轻松地开玩笑呢。

然而，那些真正被诊断为强迫症的人，可能未必笑得出来。

大卫、芬妮或匿名，他们以这样的形式出现在有关强迫症的案例记录中：

大卫是个记者，总是过于担心自己在文章中写了冒犯人的话，所以总要花很长时间检查问责，这种担心甚至会延续到文章出版。

芬妮不愿和人握手，戴着橡胶手套不肯摘下，手里还拿着一个装消毒液的小瓶子；除了担心病菌，她还总是担心自己会说出一些奇怪的话让他人和自己尴尬。

有的人甚至不敢碰公共场所的门，甚至因为过于害怕，到了不敢出门的地步。即使什么都不碰，每天仍要花几个小时洗手，洗到皮肤变红、破皮、流血。

根据统计，每40个人中就有一个这样的人，他们的生活完全被强迫症打乱，不得不求助医生。

热恋时，在美丽的月夜下送女友一束玫瑰花，这将是非常浪漫的事。于是乎问，爱情是什么？对莎士比亚而言，"它就像永久存在的印记，无法撼动。"但对神经科学家来说，它就不怎么富有诗意了。实际上，人的很多活动都根植于大脑里一系列互相重叠的化学系统。意大利比萨大学精神病学家多那特拉·马拉辛提带领研究小组进行的研究表明，浪漫的恋情从生物化学角度而言，很难与严重的强迫症患者区分开来。它们在大脑里的化学系统极为相似，都会让人对一些事情迷恋不已。马拉辛提曾以该项研究获得过搞笑诺贝尔奖。

那么，到底怎样才算是强迫症？先来看一则八卦，是关于英国球星贝克汉姆的。贝克汉姆曾对媒体自曝自己有强迫症。他提到，自己力求家里的物品都要达到完美效果，比如，沙发必须排成直线，衬衫根据颜色依次排开，他有30对一模一样的品牌内衣，如果饮料数目不是偶数，他会扔掉一瓶以保证对称。

这则八卦的意义并不只是满足八卦欲望，还可以帮助你理解那些关于强迫症的专业释义。先不必担心。事实上，这些症状很多人都会有——就像我们说笑自曝的那些——但是，那些通过专业的量表和结构性访谈被诊断为强迫症患者的人们，通常还满足以下条件：

无法控制这些念头或行为；每天要花费一小时以上在这些念头或行为上；实施这些行为或仪式的过程并不快乐，但可以缓解那些强迫想法带来的焦虑；这些强迫性的想法或行为影响到了他们的日常生活。

你是否暂时松了口气？

但还是要弄清楚，如果有了这些症状，自己可以做些什么？

首先，不要惊慌。其次，不要压抑。根据心理学家做过的一项研究，越是压抑这些强迫的想法，它们出现的频率越高，甚至达到自然状态下的两倍——比方说，你能让自己"不去想象一只白熊"吗？当你意识到那些强迫的想法出现，不妨将它作为焦虑的指示标识，尝试解决之前，先试着接纳，并找到与它和平共处的方式——甚至加以利用。比方说，一个执着地要将所有物品排列整齐的人，还有谁比他更适合做一个敬业的店员呢？

获得2006年戛纳短片奖的影片《合适的位置》（*Right Place*），就讲了一个

这样的强迫症患者的故事。主人公是个普通的便利店员。他吃早餐时,圆形煎蛋必须切成九宫格,蛋黄完整地居于最中央;挑选衣服时,他必须站在灯泡的正下方;他的一个衣柜里挂着八件同样的白衬衫和八条颜色由浅及深的领带;他走路要沿着一条白线;出电梯门力求走在一条虚拟的中位线上。

他在便利店的工作是这样的:不停跟在随意挑选的顾客身后,将那些被弄乱的薯片、泡面、饼干、饭团、汽水、酒或杂志摆放齐整,而且图案露出的角度也必须一致;如果需要找钱,找回的钱币也要按照数额大小一一码放。

这样一个人,当他注意到一个试图偷窃的女士,第一反应并非报警,而是去将那份差点被窃的货品归位,也就没什么奇怪的了。然后,他忍不住伸手整理她不够对称的鞋袜——对方尖叫,老板怒吼,他失业了——即便如此,他走出店门后,也不忘将一箱待回收的酒瓶中的其中一支,拧转到和其他酒瓶同样的角度。

他有一段缓慢但并不沮丧的自白:"我有一点古怪,所以有时过得不太顺利。但我并不担心。因为我知道,就像我周围的一切都有它合适的位置,在这个世界上,也一定有我合适的地方。我相信。"像一个片尾彩蛋,最后他得到了一份新工作:整骨师。

电影结尾闪过蒙太奇画面,错位的骨头一一恢复秩序。那一刻,他的大脑一定在燃放多巴胺的烟花。(文/麦芽杨)

## 脑力大爆炸

每个人一生当中总会遇到一个非常重要的问题,那就是定位。每个人都是一个品牌,当你能结合自身特点给自己精准定位的时候,人生就会减少很多歧路和迷惘。认清自己,不以众生喧哗而动摇,不以俗世评判而设限,值得成为每个人的座右铭。

## 开个脑洞

### 霸气的名字真能"逆"上天

读书人一般都有自己的书斋,还会给它取一个名字。或寄托情思,像明代的归有光将书斋命名为"项脊轩",就有纪念远祖之意,其远祖曾居住在江苏太仓的项脊泾;或抒发志趣,如近代著名藏书家章钰将书斋命名为"四当斋",就表明了自己藏书嗜书的志趣——"饥读之以当肉,寒读之以当裘,孤寂而读之以当友朋,幽忧而读之以当金石琴瑟"。

书斋起名林林总总,但总有一些十分有趣。比如著名哲学家张岱年之兄张申府,其书斋名叫"名女人许罗斋"。"名"指"名学",即逻辑之一门。他于1927年曾把著名哲学家维特根斯坦(罗素的弟子)的《逻辑哲学论》译成中文,书名即取"名理论"。"女"指《列女传》,他个人对此书有偏爱。"人"指三国时期刘劭写的《人物志》,这是一本他平生最为推崇的书。"许"是"赞许"之意。"罗"即西方著名哲学家罗素。这书斋名着实怪诞,倒也充分体现了作者的性情,可以想见其主人之品格。

## 长得不好看,都是名字惹的祸

时代的风潮,不仅仅在于80后们流行叫"张伟""李静",00后们最常见的名字是"子涵""雨欣",细心观察,你可能也会发现,每一代人的面容,也会有鲜明的时代潮流印记。但你有没有想过,名字可能会影响一个人的长相。

巴黎高等商学院一项研究试图寻找名字和长相之间的关系,不幸的是,"名字影响长相"可能是真的。这项研究揭示,人们可以很准确地完成对陌生人姓名与

样貌的匹配。当给被测试者你的照片,并把你的名字与另外四个无关的名字混在一起由被测试者挑选的时候,他们选中你名字的概率显著高于预期的随机五选一概率——也就是20%。

而且机器也找到了其中的规律。在这项研究中,研究人员通过机器学习技术来"训练"电脑。他们给电脑提供了一系列示例(很多人的面部图像)及相应的标签(这些人正确的名字),并用算法和这套"示例—标签"数据库来"调教"电脑。

经过一番"调教",再让电脑去匹配人的外貌和姓名,结果显示,计算机可以在多达94000张人像照片中,成功辨别出54%至64%的人名,也显著高于随机猜测的正确率。显然,名字和长相的对应关系有迹可寻,连计算机都能窥到门径。计算机是怎样判断的呢?研究人员据此绘制出了"热点图",在这些图像上,拥有不同名字的人,他们的平均长相和关键部位特征有着明显的规律。

这项研究的结果似乎支持这样的观点,即人类的名字与他们的长相有着神秘莫测的联系。通过最科学的机器学习方法,居然得出一个近乎玄学的结果:父母们虔诚地求精通《易经》的"大师"给自己的孩子起一个名字,指望这个名字能保佑孩子一生顺风顺水,平安健康,财源广进。虽然平安和发财未必能保,但好名字等于整容,倒是有科学依据了。

如果名字和长相具有一定对应关系的话,那应该是长相在人的成长过程中,向名字所蕴含的"意义"靠拢。或者打个不大恰当的比方,名字成了长相的一个"咒语",你的长相受到这个咒语的影响。这点听上去让人感觉神秘莫测或不寒而栗,但它的作用在某种程度上是能够解释的。

早在巴黎高等商学院发布研究结果之前,名字对长相的影响已被广泛研究。有人认为,名字对长相的影响是通过发音来作用的,比如名字发音更圆的人,面容也会更圆。这种解释站不住脚,倒不是因为各种反例,而是这项研究发现,名字对长相的作用更大程度上是因为文化因素——而名字的发音是跨文化的。

在研究里,法国被测试者很难把以色列人的长相和名字对应准确,同样的事情也发生在以色列被测试者配对法国人面孔和长相的时候。要知道,他们对应本国人名字和长相的时候更准确。这说明,文化因素是名字影响长相的关键因素,而名字发音这种跨文化的因素的影响相对可忽略。研究进一步发现,当一个名字失去其社会价值时,用名字来猜测长相的准确度就会消失。

无处不在的社会期待,更有可能是你的名字对你施加"咒语"的机制。当你向你的名字所代表的社会刻板印象靠拢时,这种长相的趋势最终会出现在你的脸上。

这种靠拢可能直接发生,比如一个叫艾莉森(Allison)的女孩会把她的头发披散开,而一个叫安吉丽娜(Angelina)的女孩会把她的头发扎起来;也可能潜移默化,比如叫伊丽莎白(Elizabeth)的女孩可能较少微笑,因此她会有较少的笑纹或皱纹。要知道,这个名字的"高贵"社会暗示会让叫这个名字的人更加严肃。

"像实验结果说的一样,我们都感受到了让自身符合自己名字的压力,我们希望达到社会对我们的期望,并尽可能地适应这个社会。所以,当我们遇到陌生人时,例如在招聘或谈判的时候,我们对某个人的期望是基于他的长相的。由于人们的外观会看起来像某个名字,所以很有可能我们对不同的人的期望是不同的。"这

影视、小说中常有很多好听的名字,它们都是哪里得来的灵感?总结一下,很多都与中国文化大有关联。一是诗词,比如金庸小说中的苏星河,其名出自王安石的诗"星河鹭起,画图难足",木婉清的名字出自《诗经》"有美一人,婉兮清扬";二是一些唯美的中草药的名字,比如《仙剑奇侠传》中多位主角的名字就是从中药而来的,如景天、雪见、龙葵、紫萱等;另外一些地理名称,也常很有诗意,被用来取人名,比如郭嵩阳、李燕北、柴玉关、孙济城等。中华文化源远流长,往往一个名字足见其意境之广阔,韵味之深远。

项研究的参与者、巴黎高等商学院一位教授如此解读。

这形成了一种自我实现的预言,而源头是社会对名字的期望。不仅仅在法国或以色列,在很多其他文化里,名字都承载着社会期望。比如著名俄裔诗人布罗茨基的诗句是这样的:如果我们造了一个孩子/就叫他安德烈,叫她安娜/使我们的俄罗斯语/烙印在孩子皱褶的小脸上……在这几句短短的诗里,名字承载着民族期望,"安德烈"和"安娜"都是带有俄罗斯文化意味的名字;也承载着性别期望,"安德烈"是男孩名,"安娜"是女孩名。

社会对名字的期望,也发生在汉语里。名字和名字之间是不一样的,甚至在不同的时代,名字所承载的吸引力也是不一样的。比如在21世纪初的时候,"李静娴"被认为是一个具有高吸引力的名字,而"李金凤"则被认为是一个吸引力低的名字。

高吸引力的名字,因为包含的美好期望或较少使用,容易给人以很好的印象,低吸引力的名字则可能由于较多人使用或文化信息较少,容易被人和俗气等负面印象挂钩。一项研究显示,在面对这两个名字的时候,男性被测试者更倾向于和具有高名字吸引力的"李静娴"交朋友,因为他们会认为她更有个体吸引力,具有更多的积极人格特质,如无私、开放、理智、有天赋、克制等。

这一交友倾向在女性被测试者身上体现得并不明显。对女性被测试者的访谈发现,这种对名字的刻板印象仍然存在,只不过是以另一种形式来展现的——一些女性被测试者认为,"李静娴"这个名字听上去有些做作,并不为女性朋友所喜欢,而"李金凤"虽然给人以保守、传统的印象,却也让人感到质朴、踏实,所以女性被测试者愿意与她交朋友。

除了名字自身的吸引力高低,名字自带的"性别特性"也会给人带来正面或负面的印象。人们对男性和女性有着特有的刻板印象，反映到名字上就是人们对名字与性别相反的人的印象总体较差。名字性别倾向与性别不一致，会使人产生一种不伦不类的感觉。而名字性别倾向与实际性别不一致时，人们对男性用女性化名字的负面印象，要大于女性用男性化的名字。这归根结底是因为在"男尊女卑"的文化背景下，男性优秀气质更容易被推崇，所以相比于"假小子"，人们对于"娘娘腔"的印象更差。

如本文所解释的那样，名字这一"咒语"的作用机理并不神秘，它只是施加于我们肉体和精神的所有社会因素里的一种，通过人与人之间的交往，以社会期望的形式影响着我们。所以，取名字的人，是不是再斟酌一下，拿出一点敬畏感来，把"A小B""ABB"的取名方案暂时搁置一下。（文／一万）

## 脑力大爆炸

如果有三种互为竞争的互联网产品，一种叫优诚通，一种叫美宝卓，一种叫黑蝙蝠，五分钟后，你最能记住哪一种？取名不仅事关文化内涵和社会期望，也涉及关注度和传播力。我们想把事情做好，小如取名这样的细节也不可不察。正所谓，天下难事，必作于易；天下大事，必作于细。

"太拼"是件很丢脸的事吗？我们希望听到的夸奖往往是才华横溢，而非手不释卷。既然征途是星辰大海，就注定不能闲庭信步吧。没有泥泞里的摸爬滚打，哪有御风的逍遥洒脱。

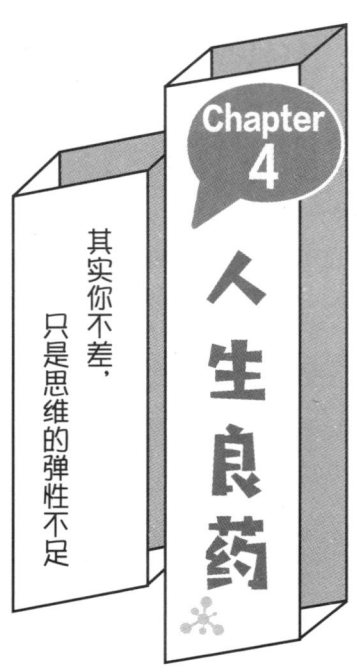

# Chapter 4 人生良药

其实你不差，只是思维的弹性不足

开个脑洞

"至圣先师"有异相

漫无边际地说大话被称为"夸海口"。"海口"一词,今天指的是内河通海的出口,如果夸的是这个意义上的海口,那跟说大话又有什么关系呢?实际上,"夸海口"的"海口",最早夸的是孔子的口。

孔子被奉为至圣先师。既然是至圣先师,那么长相一定异于常人。据《太平御览》载:"孔子海口,言若含泽。"说孔子的口大而深,就像大海一样;而孔子说的话,足以润泽万物。这是"海口"一词的出处。"海口"一词进入民间俗语,不再专用于孔子,而是比喻说大话,嘲笑居然有人敢跟圣人并提。到了元代,"夸海口"的讽刺含义已定型。

除了"海口",关于孔子还有很多奇异的描述,比如"首类尼丘山,故以为名"。说孔子的头像尼丘山一样,中间低,四周高。此外,孔子还有牛唇、虎掌、龟背等异相。后人总结孔子共有49种与众不同的外貌特征。其实,像孔子这样厉害的人,又何须附会之言来凸显呢?

# "运气"不佳,孔子怎么破

孔子一生致力于恢复封建秩序。他希望找到一个君主,愿意听从他,用他的方式来追摹、创建回到黄金时代的秩序。但他一生的追求从未真正实现过。

而孔子如何在种种堆积的挫折中,仍然保有志气,保有他活在这个世界上的坚持,教导学生不懈追求理想,这部分在《史记》里写得非常感人。

孔子和弟子们绝粮于陈、蔡时,被一些暴徒包围,"从者病,莫能兴"。大家

一个个都受到来自精神或肉体的折磨,已没有办法振作。但是,孔子还继续讲他的课,继续沉浸在音乐的愉悦中。用这种方式,孔子展现了他特别的精神。

这时子路,也就是孔子的大弟子,非常难过,非常生气。当然他气的不是孔子,他气的是他们会有这样的遭遇。

子路其实只比孔子小九岁,他们的关系介于师生和朋友之间。子路去见孔子,冲口而出问:"君子亦有穷乎?"意思是:好人,或者像我们这样努力修养自己的人,为什么也会沦落到如此可怕的境地?孔子很自然地回答:"君子固穷,小人穷斯滥矣。"

所有人都会遇到挫折,君子与小人的区别,不在于会不会遭遇挫折,而在于如何面对挫折。君子在任何糟糕的情境下,都能保有自己做人的原则,始终一致。而小人为了摆脱困境,什么都做得出来。

孔子知道弟子们都有郁结,便一一招他们来谈话。

第一个进来的仍然是子路。孔子引用《诗经》里的话说:"匪兕匪虎,率彼旷野。吾道非邪?吾何为于此?"(我们)不是犀牛,不是老虎,为何在旷野游荡?

孔子的学生子贡曾经问孔子一个问题:"有一言而可以终身行之者乎?"子贡所问,不是指一个人终生奉行不犯错误,而是所有人在所有时间里都能遵循这一个字去做而不犯错误!要给出这样的一个字,实在是难之又难。孔子却当即给了出来,那就是"恕"——"其恕乎!己所不欲,勿施于人"。这个回答,2500多年过去了,怕仍找不到另外一个字能替代。这也是孔子之前没有人回答过的,是孔子心中的良知给出的答案,而不是对知识的记忆给出的答案。后世说"天不生仲尼,万古如长夜",孔子的重要性由此可见一斑。

他问子路，你怎么解释呢？是我的主张错了？我为什么会落到如此境地？

子路说："意者吾未仁邪？人之不我信也。意者吾未知邪？人之不我行也。"他说，是不是因为我们做得还不够好，我们在仁的追求上还不够，所以人家不相信我们？我们累积的知识跟智慧还不够多，所以人家不听我们的意见？

孔子回答说："有是乎！由，譬使仁者而必信，安有伯夷、叔齐？使知者而必行，安有王子比干？"孔子回答说："是这样吗？如果照你这样说的话，那么在历史上，怎么会有伯夷、叔齐和比干呢？"

伯夷、叔齐是商末孤竹君的两个儿子。相传其父遗命要立年龄小的叔齐为继承人。孤竹君死后，叔齐让位给哥哥伯夷，伯夷不受，叔齐也不愿继位，先后逃往周国。周武王伐纣，二人扣马谏阻。武王灭商后，他们耻食周粟，采薇而食，饿死于首阳山。是仁的榜样。至于比干，他是商纣王的叔叔，官至丞相，传说因直言进谏，被商纣王剖心。是智慧的象征。

他们都那么聪明有智慧，为什么依然不被君王信任和听从呢？孔子是在告诉子路，当你遇到挫折，不见得都是你的责任，有些外界的因素是我们无法控制的。

子路出去了之后，下一个进来的是子贡。孔子问他同样的话：是我们有什么错吗？所以我们有今天这样的遭遇。

子贡回答说："夫子之道至大也，故天下莫能容夫子，夫子盖少贬焉？"子贡说，我们之所以有今天的困境，是因为老师你太理想化了，要求太高了。你要追求的东西，是这个世俗社会没有办法理解和容纳的。子贡用一个非常现实的角度劝老师说：我们可不可以不要那么高，我们可不可以不要那么坚持，能不能妥协一下？

孔子就回应子贡说："赐，良农能稼而不能为穑，良工能巧而不能为顺。君子能修其道，纲而纪之，统而理之，而不能为容。今尔不修尔道而求为容。赐，而志不远矣！"孔子回答说："赐啊，一个出色的农夫，辛勤耕种，但不一定有好的收获；一个出色的工匠，技巧娴熟，但不一定让人人满意。君子不断完善自己的理想主张，清清楚楚、有条有理地展现出来，而不一定被人接受。现在你不完善自己的理想主张却想求得接受。赐啊，你的志向不够高远啊！"

他的比喻是非常清楚而简单的。每个人有每个人的专业，你要坚持你自己的专业，知道专业的尊严在哪里，这个比一切都重要。然后他又说："君子不能为容。"在我自己的专业上，我不能妥协。我不能违背我的原则去讨好君王，我也不能委屈专业的尊严，去讨好一般人。

子路跟子贡，两个人对比鲜明。子路是严格的反求诸己的人，他认为可能是我们做得不够。而子贡非常聪明，但这也是他的缺点，所以他想的是，为迎合社会稍微降低自己的标准。

这两种都不是孔子想要的答案。

子贡出去后，接下来进来的是颜回。颜回是孔子最喜欢的弟子，孔子也拿同样的《诗经》里的话问他："吾道非也？吾何为于此？"颜回说："夫子之道至大，故天下莫能容。"他的第一句话跟子贡所说的几乎一样，说老师你追求的东西，跟当下的现实社会差太多了。

不过接下来，颜回说的就不一样了。他说："虽然，夫子推而行之，不容何病？不容然后见君子！"他说，正因为你的理想跟这个社会有这么大的差别，才更值得去追求。如果你想的跟大家都一样，那为什么还需要你孔子呢？你不过是在迎合现有社会而已。

更近一步的是"不容然后见君子"。这是一种自我责任的认知。每个人都有其责任使命，作为一个君子，一个追求理想的人，你的责任是什么？是把自己修养好，让自己达到那样的高度，拥有那样的德行，拥有那样的知识。该做的你都做了，这时有国君不听你、不重用你，社会对你产生强烈的敌意，这是你的问题吗？这是你的羞耻吗？他们的轻蔑，反证明了你的价值。

这段话真的非常重要，对今天的人依然深有启发。我们真的一定要被社会接纳，才是荣耀吗？如果现实的运作模式有问题，是你不能认同的，那你为什么让它来同意你、认同你呢？你应该努力去改变这个现实！在这种情况下追求理想，如果遇到挫折和困境，是你的荣耀而非耻辱。

所以，听了颜回的话之后，孔子欣然而笑曰："有是哉颜氏之子！使尔多财，吾为尔宰。"孔子非常幽默地对颜回说：姓颜的小子，真有你的！如果你是大财主，我愿意给你做管家。这无疑是老师对学生最高的赞美。意思是说，我多么希望这个世界上有地位的人，都能像你这样愿意追求理想，实践理想。（文／杨照）

## 脑力大爆炸

当我们因为行为不慎而遭遇不幸时，往往爱用这一种糊涂思想来欺骗自己，把自己的灾祸归怨于日月星辰，总觉得有一种超乎自然的力量在冥冥之中驱策着我们。如果没有勇气直面困难，怎能说自己被命运抛弃？其实，幸与不幸多在自己手中。

## 开个脑洞

人生精进忌"假沸"

煮豆浆不像烧开水，第一次沸腾时并不烫嘴，铲子一搅锅心就平静了，如此至三四次滚开才算真的沸腾。假沸之理很简单，锅底豆渣经不住高温扰动，也带动了豆浆。

还有徒手入油锅而手不伤的戏法。锅中分上油下醋两层。醋不溶于油，且密度比油大，所以沉于底部；沸点也远比油低，与人的体温相当，所以率先沸腾，并催动油沸，造成假象，而传导给油的温度只是略高于体温而已。

除了豆浆和热油，存在假沸的还有人生。人生最忌小有成就便不可一世，其实这只是平地头一浪，可怜白白浪费了余生原能用作继续精进的大好韶光。人生苦短，唯有戒奢戒躁，代之以朴实勤勉，才能达成一次次的自我提升。

熬人生与煮豆浆相仿，但也有区别，豆浆沸过头，容易干煳，煮出有害物质；人生却无止境，所谓高处不胜寒不过是一时的心境，已登峰顶者尚有造极的机会。

# 别在该用脑的时候总是凭直觉

想想你有哪些偷懒的经历，看一会儿书就要从口袋里掏出手机玩一下？明天就要考英语，你的单词到现在都还没背几个？事实上，不仅你爱偷懒，你的大脑也爱偷懒。当大脑全速运转的时候，它既要保持你的身体平衡，控制你的呼吸，还得操纵你的视觉、听觉等。这么多事情都要"大脑"独自做，岂不是要把它累死？所以只要有可能，它就会想尽一切办法偷懒。

美国行为心理学家丹尼尔·卡尼曼把大脑这种试图偷懒的思维模式叫作启发式思维，也就是当面对一个复杂的问题时，人们不会考虑问题的方方面面，而是依靠直觉和惯性思维去考虑问题的几个关键点，一旦觉得差不多了就停止思考并得出结论。可偷懒毕竟是偷懒，就像你偷懒不背单词，英语就会考砸一样，大脑要是偷懒的话就会犯一些低级错误。

我们先来思考一下，如果历史老师问你下面两个情境哪一个更有可能发生，你如何作答：

A.美国和俄罗斯在未来将爆发一场核战争。

B.美国和俄罗斯在未来将爆发一场核战争。但一开始双方都不想动用自己的核武器，只是在卷入一场局部战争之后，如伊拉克、利比亚、以色列或者巴基斯坦等国的战争，才被迫动用核武器。

这实际上是一道简单的数学概率题，美国和俄罗斯爆发核战争是一个独立事件，而它们在卷入一场核战争之后才动用核武器是另一个独立事件。数学上讲两个独立事件同时发生的概率要小于其中任何一个独立事件单独发生的概率。显而易见A才更容易发生，但我们更可能选择B。这是因为B是一件具体的事情，它详细地描绘了核战争爆发的前因后果，这种具体、生动又有逻辑性的事情符合人们的常识，与我们头脑中固定的思维模式一致。因此，我们的大脑不愿用复杂的数学思维去深思其中蕴藏的概率问题，而仅仅是依赖过去的成见，直觉地认为B更可能发生。这

我们过去相信人可以同时关注5件到9件事，现在却发现不可能。其实，当我们大脑清醒时，大概可以同时处理3件事，当尝试同时兼顾更多的事情时，我们会损伤一些脑力。信息过载还会导致所谓的决策疲劳。这也就解释了，为什么一些天才人物不讲究穿衣，比如爱因斯坦几乎总是一身灰色西装，因为天才们不希望把宝贵的精力浪费在决定穿什么衣服以及类似的琐事上。

是最常见的一种大脑偷懒方式,这种偷懒依赖已形成定性的思维模式,使大脑不费吹灰之力,就非常简单直接地得到了思考结果。日常生活中的"刻板印象"就是大脑依赖固定思维模式、不愿深入思考的结果。

大脑还偏爱容易想到的事。假设你要坐飞机去上大学,你爸爸开车送你到机场。上飞机前,你爸爸千叮万嘱要注意安全,下了飞机务必报个平安,好像飞机很可能就要掉下来一样。实际上,你爸爸没必要祝你一路顺风,相反你倒是要提醒冒着"生命危险"来送你的他小心一些。因为汽车的事故率是飞机的三倍以上。

乘坐飞机比汽车更安全,可人们却不这么认为。那是因为一旦出现空难,各大媒体都会竞相报道,你很容易得知哪里发生了空难。同时,飞机一旦出事往往是机毁人亡,这会给人们带来巨大的恐惧感。这种恐惧感经过媒体的放大,会让人们对飞机失事印象深刻,一旦需要很容易就会被大脑提取出来,以至于某次大空难在过了好几年后还是会轻而易举地进入你的大脑。与此相对,汽车事故的伤亡人数只是电视上一串串丝毫不引人注意的数字。正是因为飞机事故相较于汽车事故更容易被大脑提取出来,我们才高估了乘坐飞机的风险。

这说明大脑常用事情在脑海中浮现的难易程度来估算其发生的可能性,而不会确切计算某件事情发生的可能性,因为这太复杂了,需要了解很多知识才能做到。

原来大脑有这么多偷懒的方法,可是它为什么要偷懒呢?

心理学认为人有两个大脑,一个是经常出错、在无意识中运行的直觉大脑,另一个是比较准确、在意识层面运行的逻辑大脑。当我们说起"本能""下意识"这些词语时,实际上运行的就是直觉大脑。而一旦以"我"开头,例如"我认为",

则运行的是逻辑大脑。人们的注意力是一种有限的认知资源，运行逻辑大脑要消耗大量的认知资源。如果时时刻刻都将机器开足马力，那么燃料很快就会耗尽，到那时我们就再也不能生产任何东西了。所以在有些情况下，要让逻辑大脑这台机器休息一下，代之以不费燃料的人工继续生产。而这些情况也就是我们的大脑在偷懒。

除此之外，大脑偷懒还有进化上的意义。人类拥有自然界中最强的大脑，这是有成本的：大脑越发达，需要的消耗也就越多。在食物充足的今天，我们可以随时补充食物来满足高强度运转的大脑的需求。可在原始时期，祖先们往往是吃了上顿没下顿，短缺的食物负担不起一个时时刻刻在运转的大脑。因此，进化赋予了他们大脑偷懒的能力。

事实上，大脑偷偷懒在多数情况下还是很有效的，上面列举的低级错误只在某些场合才会出现。偷懒既然是被进化出来的大脑特性，它就不可能是低效的。只是人类在近500年脱离了食物短缺的环境，而大脑的变化又赶不上环境的变化，结果造成了现代人拖着古代大脑的局面，让"偷懒"看起来是这么多余。（文／李欧）

## 脑力大爆炸

大脑的能量是有限的，高手懂得工作，往往也懂得休息。当感情只是劝我们去做可以缓行的事时，最好克制自己不要失去判断，盲目行动，而用一些方式使自己定一定神，直到时间和休息使血液中的情绪安定下来，做真正需要立时行动的事。

不管你说得对不对，反正我对

庄子与惠子游于濠梁之上，展开过一段哲学家间的"高级杠"。庄子说鱼游得真快乐，惠子说你又不是鱼哪里会知道。庄子说你又不是我，怎么知道我不知道。惠子说，我不是你固然就不知道，你本来不是鱼，自然也不知道鱼的快乐。最后庄子会心一击："让我们回到最初的话题，你开始问我'你哪里知道鱼的快乐'的话，就说明你很清楚我知道，所以才来问我是从哪里知道的。现在我告诉你，我是在濠水的桥上知道的。"

适当抬杠是种社交情趣，但加一"精"字，事情就不太一样了。"杠精"就是这么一些人：哪儿有热点哪儿就有他，最典型的思维模式是——"不管你说得对不对，反正我对"，以及"春江水暖鸭先知，凭什么鹅不知"。如果说前者是自我意识的莫名爆棚，那么后者就是无中生有的强行对抗了。其实，抬杠抬得好也是一种本领和态度。惠子死后，庄子经过他的墓地时有些伤心，毕竟能在一个高度对话的人也很难得啊！

# 你不是笨，只是思维弹性不足

苏格兰有家超市，新聘了一名导购员，名叫法比奥。法比奥热心勤恳，不迟到不早退，面对顾客对答如流，因此被冷酷的老板开除。为什么？

法比奥是名导购员，他的工作就是告诉顾客商品的位置，解答有关商品的疑惑。有顾客问："法比奥，卫生纸在哪里？"法比奥回答："在货架上啦。"顾客问："这么多货架……算了，我自己找。"又过来一个顾客问："法比奥，奶酪在哪儿？"法比奥说："在冰柜里啦。"顾客说："这么多的冰柜……到底是哪只？"法比奥回答："哪只不重要。重要的是，我的回答无误。"

老板发现情形不对，过来指导："法比奥，你不能含糊其辞，要明确。比如，你要告诉顾客，放奶酪的冰柜，向前走三个货架左转右弯再折回来，听懂了没有？"法比奥说："但人家的回答，绝对正确呀。"老板火了："去那边站着，向顾客推销鲜肉。""鲜肉？"法比奥找到卖鲜肉的柜台，往那儿一站，生硬地说："肉肉，好吃，买买买。"顾客根本不理他。别人在15分钟内，能够吸引12名顾客品尝。而法比奥，从早到晚一个顾客也没有。

一个星期后，老板告诉法比奥："叫你家长来，让他们带你回家吧。"法比奥的家长来到，当场把法比奥的脑袋拧下来，打包装进箱子里，带回了实验室。

苏格兰超市聘用的法比奥，是赫瑞瓦特大学奥利弗·莱蒙教授的产品：机器人。莱蒙教授大概想用这台机器人测试一下人工智能对就业市场的威胁。目前似乎威胁不大。

机器人法比奥，面对顾客时的回答完全正确，只是答案不是顾客想要的。人类员工会根据客户的情形及时调整变通："不好意思，先生，你喜欢的手纸品牌暂时没货。但我们有一款新品，价格便宜，品质更佳，您要不要试试？"总之，至少目

法国作家拉·封丹写了这样一则寓言：北风和南风比威力，看谁能把行人身上的大衣脱掉。北风使出浑身解数，狂风呼啸，试图吹掉行人身上的衣服。结果行人为了抵御寒冷，把大衣裹得更紧了。而南风徐徐地吹动，使天气温暖起来，阳光普照。行人因为觉得暖和，相继脱掉大衣。这就是著名的"南风效应"。在处理人与人之间的关系时，一旦方法错误，就会适得其反。聪明的人需要拥有一定的"弹性"，温柔灵活比极端刻板更有效果。相处的方法一旦转变，正面的效果就会有所体现。这就是温暖的南风力量。

前,人还是比机器聪明一点点。人工智能,只有给机器设计出弹性的思维与能力,才能变得比人更厉害。

什么叫弹性的思维与能力?

报警中心接入一个电话:"你好,这里是110。""你好,我订一份水煮鱼。""你好,这里是接警电话。""我知道,我要的水煮鱼,不可太辣,不可不辣,辣而不辣,不辣而辣,记下没有?""骚扰报警电话是非法的,请你挂机。""知道知道,水煮鱼里,多放点葱。""放葱?姑娘,你那边情况正常吗?""不要蒜,告诉过你的不要蒜,如果水煮鱼里放了蒜,我就投诉你。""明白了,姑娘,你订几个人的餐?""四个人的,分量一定要给足,要是缺斤少两,别怪我给你差评。""好的。那么,姑娘的送餐地址是?""你记下……"

放下电话后,报警中心立即通知最近的警局。几分钟后,荷枪实弹的武警破门而入,当场捕获三名入室胁迫、绑架的歹徒。报警中心与订餐女士的问答,就是典型的弹性思维。如果换了机器人接警,报警人就死定了。至少目前,人工智能还缺少足够的弹性。机器可以用来取代人类固化而精确的工种,但人类社会,不是精确的。人与人最大的区别,是怎样以精确的手法处理不精确的事件。这种能力就是弹性能力。

弹性能力差的人,极端固执,不肯接受人性现实。网络上有个孩子,说他打小就憎恨虚伪。有一天,父亲正在家中抱怨,说单位领导人品不良,管理粗暴。正说着,领导突然间登门拜访,父亲立即说了些恭维的话。率真的熊孩子看不下去了,就当面戳穿:"爸,你刚才不还说领导什么本事也没有吗,怎么一眨眼就变了?"父亲被揭穿,好尴尬。等客人走了,整条街道都听到了这熊孩子的惨叫声。

正如机器人法比奥,孩子说的都是对的,父亲确是前倨后恭。但这正是人际交

往的弹性法则，可是孩子死活不肯接受，那就不好办了。弹性能力强的人，适应性就强，能够感觉到正在发生的事情，随机应变。

同一所中学毕业，30年后，有人成为法官，有人却成为罪犯。为什么会有这种区别？成为罪犯的人，原因有很多，作为个案更有特殊性。但法官这门职业，是很难被人工智能所取代的。因为法官处理的事务，九成九都是弹性事件。如果你弹性思维较差，即使坐在法官的位置上，也会先入为主，武断乱判。相反，作为一名犯罪分子，就不需要有多强的弹性能力，无论遇到什么事儿，武力相向就是了："咋地，你不服？"所以，弹性能力差的人，极难适应现实。

30年前，电话还未普及。而现在，手机已成为我们生活的一部分。这世界变化太迅猛，快不过3年，慢不过10年，人工智能将取代现代许多工作岗位。一旦机器人在弹性工作领域获得突破，那些生活陷入机械式重复的人，就要遭遇失业之厄。不要等到变化到来，再洗脚上田。一个在未来变局中不被取代的人，必然有着人工智能无法企及的智慧。就从现在开始努力，做一个会变通、韧劲足、百炼千锤的求存者吧。（文／雾满拦江）

## 脑力大爆炸

如何获得较强的弹性思维与能力？第一步，测算你的弹性量值。如果你生活质量较差，必是固化思维太强。第二步，检视你的固化思维。列出不愿做的事，容易受伤的话，等等。第三步，挑战心理不适区。尝试不愿做的事，写下容易受伤的话，坚持克服它们。第四步，改善自己的情绪，学会控制自己的怒气。第五步，说服自己，热爱这个世界。世界本来如此，只能试着爱它。有意识地训练自己，慢慢你会发现，自己已跟从前不一样。

英国著名作家阿兰·德波顿在一篇文章中说,我们最好的想法都是在淋浴时想出来的,这跟我们的思维运作方式有关:"许多人都以为最适合思考的地方是宽大的房间、长桌子、充足的自然光和能看到风景的窗户。大部分办公室的布局都是这样的,级别越高,一个人的工作环境越接近这些理想状况。老板们的办公桌很大、视野很开阔,但思考的主要障碍不是狭窄的书桌或了无生趣的地平线,而是焦虑。"

美国《读者文摘》里的一篇文章说,国外有一个论坛叫"淋浴时想到的",许多人诉说了他们在淋浴时得到的奇思妙想:"如果蚊子吸的是脂肪而不是血的话,世界就完美了""作为一个内向的人,软禁听上去像是优待而非惩罚"。研究创新的专家说,淋浴能给人带来灵感的原因包括淋浴时你没办法去查看手机。爱因斯坦说:"为什么最好的想法都是在我剃须时产生的?"大概研究没有进展的时候,爱因斯坦都在等他的胡子长出来。

## "无序"乃是第一创造力

蒂姆·哈福德大概是业界最接地气的经济学家了。这位曾在牛津大学担任经济学教授,又为国际金融巨头做过首席经济学家的英国人,凭借在《金融时报》写专栏的幽默诙谐手笔,收获了全球大量的读者和粉丝。

不知道从何时开始,提高工作效率,发展创造力,成了所有人孜孜以求的事。正因如此,人们在以前所未有的热情追逐着"整洁有序"。我们学习各种时间规划方式，列出清晰明确的日程表，购买价格不菲的日历手账，不厌其烦地将各种文件资料分类归档，甚至如强迫症一般追求整洁清爽的工作生活环境……这一切都隐含着一种美好的期待：如果培养出井井有条的生活和工作习惯，每一天都有了明确的规划，我们一定会离成功更近一步。

然而蒂姆·哈福德毫不客气地告诉我们：拉倒吧，那些越是不爱循规蹈矩，喜欢拥抱混乱，甚至制造混乱的人，往往才是更有创造力的。而且，这些都是能用科学案例来证明的哦。

蒂姆·哈福德提到过心理学家谢利·卡尔森针对哈佛大学学生做的一项研究。研究者选了一群学生来做"排除干扰能力测试"，让他们待在嘈杂的餐厅里，尽量不受周围的打扰，专心地进行眼前的对话，找出对你重要的信息。有些学生的抗干扰能力很差，旁边一有风吹草动，立刻分心，然后会忽略很多信息；而有些人则相反，他们全然不受任何外界因素的影响。

在许多人看来，后面这种人显然更具有成功潜质。然而卡尔森却发现，易受干扰的学生的创造力其实更强。里面有些人非常有才华，有的发表过小说，有的创作的剧本即将上演，并受到全国性报刊的关注，有的则拥有了自己的专利。在25个拥有各项成就的学生中，22个的抗干扰能力都是比较差的。

阿西莫夫是美国著名作家，美国科幻小说黄金时代的代表人物。他一生创作了近500本书，是一位天才型的多产作家。他提出的"机器人学三定律"被称为"现代机器人学的基石"。据说他每次写小说写不下去时，就会一个人跑到电影院，随便看几场电影，而新灵感往往就在看完电影后出现了。当我们需要一次启发灵感的"任意震动"时，不妨参照他的经验。

这说明了什么？在蒂姆·哈福德看来，与人们经常强调的"刻意练习""意志力""专注力"相比，"运气+灵感"其实对于创造力是更关键的。而后者跟天赋往往没有太直接的关系，通常来源反而是"任意的震动"（Arbitrary Shock）。

主动制造混乱，便是一种增加任意震动次数的方法。哈福德引用的另一项研究更有意思：如果在测试创造力之前，故意给测试对象捣乱，鼓励他们出差错，他们的创造力反而能加强。

这到底是为什么呢？哈福德举了身边的一个事件来说明：2014年，伦敦地铁工人爆发了一次大罢工，全城270个地铁站关闭了171个，上班族不得不另外找方法上班。他们大多使用的是所有公交系统通用的电子交通卡，因此罢工结束后，三位经济学家调出了数据，发现罢工期间，大部分乘客都选择了跟平日不同的通勤方式，罢工结束后，有5%的乘客从此改用新的通勤方式，没有回到旧路线上。

也就是说，多亏了这次罢工，他们才发现自己其实有更好的上班路线。这就是哈福德所提倡的任意震动：没有精心布局，没有特定方向，只是随机甚至简单粗暴地"震动"一下，就足以让你找到非常好的创新机会。

说到这里，我们也许应该分析一下，传统上我们认为的成功特质到底是怎样的。专注，每次只做一件事情；自控，该做什么事情时，能立刻去做；执行力，做事有明确的目标和进度，而不是凭心情，对每件事情要从一而终；极简力，把精力集中在最重要的事情上，排除其他干扰……

我们相信，如果一个人能做到以上这些，他的工作能力肯定会超过绝大部分人。而且我们也不再为天赋所困扰，反正勤能补拙，一万个小时的练习积累下来，就能有所成就。但你有没有注意到，这些方法都有一个特征，就是高度严谨的机械化，它们似乎只适合用来学习或执行任务。但如果观察一下艺术大师、创新发明

家、改革领跑者，除了这些行为，显然还具备别的特质。

先看看历史上那些特别多产，又有原创性的科学家，比如达尔文、达·芬奇，都是同时在几个不同的领域做研究的。达尔文最有名的成就是进化论，但在化学、数学、物理上，他同样颇有建树。达·芬奇也是如此，这位著名的斜杠大师，兼具画家、科学家、天文学家、生物学家、地质学家等身份，基本上就没有他不擅长的。

1958年，加州大学洛杉矶分校的心理学家伯尼斯·艾杜生曾展开一项长期研究，追踪研究了40位正处于职业中期的科学家。研究对象中，有四位获得了诺贝尔奖，另外两位被誉为诺奖的有力竞争者，还有些科学家进入了美国国家科学院。而其他科学家，发展却十分黯淡。

1993年，艾杜生教授去世几年后，她的同事发表了对这项研究的分析，试图探讨为何有些科学家不断取得成就，有些却如昙花一现。他们最后发现，顶级的科学家，往往是不断切换研究课题的，他们在最先发表的100篇论文中，平均切换了43次研究课题。也就是说，他们如果想不断获得重要的成就，就得不断探索新的领域。

不管怎样，哈福德提醒人们，强调整洁有序的背后，其实是循规蹈矩，是把人机械化。而混乱的背后则是自由独立，让人更像人。身处充满机械化、标准化、规则化的现代世界之中，你选择怎样的生活方式，可能就决定了你会成为什么样的人。（文／拾依）

## 脑力大爆炸

考虑到量子世界诸如电子的运动更像处于随机的无序的状态，最终却构成了宏观世界有序的、稳定的状态。也许可以类比一下，人脑的顿悟、灵感的迸发，也与神经元的无序、随机运动有关。所以，当我们深陷各种束缚无法获得启发时，不妨给自己的大脑来点随机的扰动，放松一下或许就有不一样的收获。

心灵之中有宇宙

1886年5月15日,美国马萨诸塞州的小镇艾默斯特的一个老宅子里,一个名叫艾米莉·狄金森的女人去世,享年56岁。葬礼结束后,她的妹妹发现了姐姐一箱子手稿,共1789首诗歌,她震惊了。她和家人决定要让整个世界都读一下这些诗歌。在他们的努力下,狄金森的诗歌接二连三地问世。艾米莉·狄金森被发现了,她的诗歌在世界各地流传,她天才的语言让人心灵震颤、宁静,她成了美国诗歌的象征。

写出如此不朽作品的人,该有怎样的经历和磨难?可艾米莉·狄金森的经历简单极了。年少的艾米莉热爱大自然,优雅而长于交际,23岁时,她随父远游到华盛顿,在费城邂逅了已婚的浪漫主义诗人华兹华斯,并情根深种。无望的感情改变了她的人生,回来后她闭门谢客,剩下的30多年里,她几乎足不出户,终生未嫁,只沉浸在诗歌的创作中。果壳中有宇宙,当一个人内视时,他的内心世界可以多么宽广!

# 天才们原来也是要打草稿的

法国卢浮宫办了个"拉斐尔最后几年"的展览,凡是他能搬得动的作品——如你所知,拉斐尔有些大玩意儿,诸如《雅典学派》,都从意大利送来展览了。以我所见,看这次展览有两件事令人鼓舞。

其一,因为作品齐,易于对比。哪怕以外行人眼光看,你也能发现:拉斐尔1508年25岁时的画,就是不如1516年33岁时的圆润活泛——就是说:这么大的人

物,也是一点一点进步的,而非娘胎里带来的,一抬手就有支笔,就在产房开始唰啦啦画的。

其二,展览里抖出了他的一些草稿。你会发现:拉斐尔那些被艺术史家齐赞为圆润、完美、轻盈不着力、信手拈来的神作,也都是有草稿的。实际上,拉斐尔的草稿和如今一个艺校学生的一样,有叠笔、有勾勒、有许多不确定的试探,也撩乱,也杂散。总之,很好看的草稿,但终究还是草稿。

小孩子用蜡笔水彩笔涂颜色,也有个定规。有的喜欢直笔长刷,有的喜欢细碎短刷。大人物画画也有类似的玩意儿,是谓笔触。比如,你盯着细看,凡·高的笔触就是弯弯卷,德加的笔触就是细密平行线。19世纪法国首席浪漫主义大师德拉克洛瓦,是第一个公开嚷嚷"我要把笔触留给人看"的人。所以你看他的画,虽然狂放不羁、蓬头粗服,但大概看出他作画的来龙去脉。在他之前的古典画家,笔触大多都收拾得干净,乍一看,画凭空生来,清静细腻、毫不费力,草稿都不用打似的。

这就像,你去一人家吃饭,主妇娉娉婷婷仪态万方,端上一盘红香浓辣毛血旺,你去厨房看时,一尘不染,你都怀疑这是仙女手艺、田螺姑娘了——光看画,拉斐尔就是这样的存在,让人惊为天人。但他的草稿,就像没打扫过的厨房现场。你会恍然大悟:噢,虽则说还是非普通人所能想象的天才,但他老人家毕竟是人,也像凡人一样,要打草稿啊!

世界的各类传说里,都很爱描述匪夷所思的天才。比如王勃写《滕王阁序》是个现场秀,如何把都督阎公吓得屁滚尿流。比如瓦格纳只正经学过6个月作曲。比如雨果不到30岁花半年写了《巴黎圣母院》……凡天才们,必会得上天灵感庇佑。古希腊诗人觉得,只要心诚,奥林匹斯山的神灵会特给他们面子,忽然送出"长翅膀的语言",把观念"送进人们的心间"——听上去,有些像每逢期末考试到来,中学生一起膜拜的"考神",答案不知道,硬塞给你了,笔端如流,源源不绝。

中国的传说里,大文人江淹,一度文采横流,止都止不住,后来做了个梦,被谁拿走了支笔,从此"江郎才尽"。所以《儒林外史》里,胡屠户骂范进,也说那些举人,都是天上文曲星下凡。这里面有种类似的价值观:文思、灵感,都是上天赐予的。施特劳斯说过,灵感到来的一瞬间,就是一个两到四小节的乐思会忽然浮现,于是他高高兴兴,把这段乐思作为主题,衍生出许多曲子来……

总之,天才是天生的,天才的灵感,就像上天赐予的一见钟情。尼采也认为,天才的灵感,如取之不尽、喷泻无穷的阳光。施特劳斯们相信,像莫扎特这样的天才,一辈子创作出来的东西,让抄字员来抄都嫌累,只能说是才华无止境。

但是,非天才们没灵感时,怎么活呢?作为音乐家和评论家的科普兰先生,这么总结:无论有没有灵感,作曲家们每天都会"工作",然后做出点什么——他用的词是"工作"而非"创作"。众所周知,门德尔松可能是除了莫扎特和舒伯特,最依靠灵感的作曲家。他的工作态度,请参考下面这个故事:当年门德尔松初见柏辽兹,道不同不相为谋,心情不好,写信向人诉苦,说自己不舒服,"居然两天没能工作"。

英国有一位画家大卫·霍克尼。他发现,历史上有一批画家简直神了,画的肖像画线条极其精准,简直就和照相机拍的一样,而且有的是一天画出来的。这批大师,像拉斐尔、丢勒、卡拉瓦乔,是怎么练出这门绝活的呢?后来他经过多年研究发现,原来他们用了暗箱,也就是我们所谓的小孔成像。在画画的时候,用一台土法的投影仪把模特的形象投影在画布上,勾出素描稿,然后再上色和涂抹。你从这个故事里读到了什么?原来大师也都是"投机取巧"之辈?恰恰相反,一个领域的大师除了有超人的努力和天分,他们从来都是运用工具的高手啊!

伟大如巴赫,也不是少年早慧——美国写专栏的写过恶毒的玩笑,说如果海顿和巴赫只活到门德尔松、莫扎特那年纪就死,他们俩会默默无闻。但时间给了巴赫力量。到他晚年,描述自己浩如烟海的伟大作品时,也只说:"我努力工作。"

说那些伟大烂漫的曲目,都是"工作"出来,而非天才随心所创,是挺煞风景的。因为世界总习惯想象,认为伟大的创作者们,都过着颠沛流离吊儿郎当的生活,乐滋滋地充当酒神,把握住脑海里的美丽诗句、旋律或形象,然后写字、记谱、绘画,其他时间就用来传传绯闻、吃喝玩乐。

这事很浪漫,但实际上远非如此。20世纪20年代,海明威在巴黎竭力写作。他像工匠一样,总结出许多定律,比如规律的生活和宽裕的经济有利于写作;比如一天中写得最流畅时停笔,第二天才好继续。他不信奉天才,不相信灵感从天而降,他有法则,有套路,然后勤恳地工作。还有著名作家司汤达,他说自己写东西前,先要看一页法典书,找语感。还有巴尔扎克,有他著名的规律生活,每天连写带改,都需要时间定则。光听这些故事,这些大师就像些匠人似的,但伟大的东西,就是这么产生的。

作家们的早年作品,就像画家的草稿似的,是最容易露馅的东西。像马尔克斯的《百年孤独》,猛一看,很容易被其斑斓意象吓到,惊为天人。但如果你从他早年的小说,比如《枯枝败叶》,比如《疯狂时期的大海》,比如《没有人给他写信的上校》,一篇篇看过去,就会发现小镇、狂欢、外来者、香蕉公司……好,这家伙,原来和他奉为师傅之一的福克纳一样,也使"用短篇攒长篇"这招儿啊!实际上,《百年孤独》写出来前,酝酿了15年之久。马尔克斯累计了无数短篇和小故事,就像在自己脑海里种起大片森林,直到某次旅游时,他猛然找到了传奇的第一句话"许多年以后,面对行刑队,奥雷良诺·布恩地亚上校将会回想起他父亲带他见识冰块的那个遥远的下午……"火种有了，森林被点燃了，《百年孤独》开始了。在此之前，他那些五彩缤纷的短篇小说，就是他的漫长草稿。

就像，我以前有个朋友，自命王小波门下"走狗"；看王小波《万寿寺》《红拂夜奔》，喟然长叹，人都傻了。但后来看了《歌仙》《三十而立》，就觉得略受鼓舞。这当然不是说他获得了"完败王小波"的信心，而是多少看出了一条上升轨迹。

人都爱天才，因为这个词美妙清脱。但大多数时候，每个一朝成仙的传奇，都曾默默面壁打坐，渡尽劫波。欧阳修被人问起怎么写文章，答了句"无它术，惟勤读书而多为之，自工；世人患作文字少，又懒读书，每一篇出，即求过人，如此少有至者。疵病不必待人指摘，多作自能见之"。其实差不多，也就是这意思。

（文／张佳玮）

## 脑力大爆炸

"太拼"是件很丢脸的事吗？那些背地里皓首穷经的画面，我们往往只求暗自珍藏，只愿把那些毫不费力的瞬间展现给别人。我们希望听到的夸奖是才华横溢，而非手不释卷。可既然征途是星辰大海，就注定不能永远闲庭信步吧。没有泥泞里的跟跄，哪有御风的潇洒？

> 一万小时成"大师"
>
> 早乙女哲哉在日本美食界享有盛誉,他每天工作10小时,50多年来从没请过一天假。他用一生的时间去炸天妇罗,因此被称为"天妇罗之神"。从选食材,到磨炼刀工、精进做法,他都力尽人事。就算只用耳朵听,他也能掌控全局——通过拌浆的声音、油锅的声音,即便是细微的声音变化,他都能知道食材的状态。切鱼如何才能又快又好?他说没有什么捷径,就是用刀一遍遍地练,手指切破了,洗洗再来。
>
> 加拿大著名学者马尔科姆·格拉德威尔在他的著名作品《异类》中,对"成功""天赋"等概念发表了独特见解。认为在艺术、科学、运动等领域,生来的才能和一定的知识固然重要,但并非最重要,真正重要的是长期训练和训练方法。格拉德威尔将很多人的成功归之于"一万小时准则",即在众多领域获得成功的关键是刻意练习大约一万个小时。所谓的工匠精神在某些方面大约暗合了这种理论。

## "带头大哥"们的成功精进术

本·霍根被认为是20世纪最伟大的高尔夫球运动员之一。他通过孜孜不倦的反复练习而取得了不起的成就。霍根说:"清晨我会迫不及待地起床,来到练习场击球。练习几个小时,休息一下继续。"

对霍根来说,每一次练习都有其目的。传闻他花费了几年时间来分解高尔夫挥杆的每个阶段,并针对每一个阶段尝试新的方法。霍根有条理地将高尔夫运动分成

数块,然后再弄清楚如何掌握每一部分。他会仔细研究每个球场,然后用树和沙坑作为参照,知道自己每一杆的距离。其研究结果近乎完美。他拥有高尔夫球史上最精准的挥杆。他精准细致得像一名外科医生,而不是高尔夫球手。

霍根一生夺得9次世界大赛冠军。在他巅峰时期,其他高尔夫球手将他非凡的成就归功于"霍根的秘诀"。而今天,专家们对他那严谨的练习风格有一个新的术语:刻意练习。

刻意练习指的是一种有目的、有系统的特殊类型的练习。常规练习通常是盲目地重复,而刻意练习需要集中注意力,以提高能力为具体目标进行。当霍根仔细调整自己挥杆的每一个动作时,他都在刻意练习,在精细微调自己的技术。

刻意练习最大的挑战是保持专注。练习初期,定下目标并专注于目标是最重要的。如果我们盲目地重复练习就会忽略小错误,错过每次的改进机会。

这是因为人类大脑的自然倾向,是将重复行为转化为无意识行为。例如,当你第一次学绑鞋带时,你必须仔细思考整个过程,在经过多次的重复后,你的大脑无须思考就可以执行这个动作。我们越是重复某个行为,它就越有可能变成无意识行为。

无意识行为乃刻意练习之大敌。很多时候,我们获得了经验就会认为自己会变得越来越好。而实际上,我们是在加强我们当前的习惯,而不是改善它们。

刻意练习通常遵循一个相同的模式:将整个过程分解成多个部分,然后找到你的弱点,并针对每一个部分做出改善,最后将你所学的纳入到整体中。小野二郎是纪录片《寿司之神》的主角,一位屡获殊荣的寿司店老板和厨师。他终其一生致力于制作完美的寿司,并以同样的标准来要求学徒。寿司制作过程中的每个细节,学徒都必须掌握——如何拧毛巾,如何用刀,如何切鱼,等等。小野二郎对制作过程的每一步都非常严谨细致,这正是他的成功原理。

《哪儿来的天才》是一本关于刻意练习的书。书中有个例子让人印象特别深刻——本杰明·富兰克林利用刻意练习提高自己的写作技巧。富兰克林十几岁的时候，他的父亲批评他的写作能力。和多数少年不同的是，他认真对待父亲提出的建议，并发誓要提高自己的写作能力。

首先，富兰克林找来了当时一些著名作家写的刊物，然后逐行仔细阅读每一篇文章，并写下读书笔记。接下来，他用自己的语言重写每篇文章，并将自己写的版本与原版进行比较。"每次我都能发现自己的一些缺点，并加以改正。"最后，富兰克林意识到自己并不丰富的词汇量阻碍了他更好的写作，因此他把注意力重点集中在这一部分。

芒努斯·卡尔森是国际象棋大师，一度世界排名第一。国际象棋高手的一个显著特点是他们具有识别"组块"的能力——棋盘上棋子的具体排列。一些专家估计，大师能够识别约30万种不同的排列。有趣的是，卡尔森训练自己的一个方法就是，在网上同时对战几个棋局。这种策略不仅让他更快地学习"组块"，还给了他更多犯错并加以改正的机会。

很多音乐家都建议反复练习一首歌曲中最难的部分，直到你完全掌握。20世纪伟大的小提琴家内森·米尔斯坦说："有一次，我发现身边的人每天都练习很久，于是我问教授，我应该练多少个小时？他说：'重点不在于练几个小时。如果你单纯用手指练习，练再多的时间也是徒劳。但如果你用脑子练习，两小时足矣。我们应该尽可能多地集中注意力练习。"

蓝球运动员A每小时练习投篮200次，球员B每小时练习50次。球员B投篮后自己捡球，其间休息数次。球员A叫同伴帮他捡球，并记录每次投篮的结果，偏了、远了、近了，一律记录下来。每训练10分钟，就回顾自己犯下的错误。假设这是他

们的日常训练，且一开始他们的水平相当，你认为在练习100个小时之后，谁会成为更优秀的投手？

刻意练习与普通练习之间最大的区别在于：反馈。无论是本·霍根，还是富兰克林，掌握刻意练习的人都会在练习中持续获得有效的反馈。获得反馈的方法很多，下面列举两个。第一个有效的反馈系统是测量。测量我们想要改进或提升的事情。我们阅读书籍的页数，做俯卧撑的次数……只有通过测量我们才有证据表明自己有没有变得更好。第二个有效的反馈系统是辅导。辅导员对持续的刻意练习是至关重要的。一些情况下，执行任务的同时还要测量进展，一个好的老师可以跟踪你的练习进展，并找到改进的方法。（文／Anonymous）

### 脑力大爆炸

刻意练习从来不是舒服的练习方式。如果你能设法保持专注和努力，那么刻意练习会给你带来意想不到的效果。如果一定要称某些人为神话或专才的话，大概就是那些从不认为自己做到了最好，仍追求更好境界，不断提升自己的人。当有此心境，有此努力，很多你想做的事恐怕没有不成功的。

谷歌（Google）社交平台经理维克·冈多特拉写过一篇日志，描述他在星期天和苹果公司创始人史蒂夫·乔布斯之间的一次通话。乔布斯给冈多特拉打电话时，冈多特拉正在教堂，没接电话。冈多特拉随后回电："对不起，我刚在做礼拜，来电显示又是未知号码，所以没接。"史蒂夫笑说："你在做礼拜时不该接任何电话，除非来电显示是'上帝'。"

维克接着写道：虽然史蒂夫经常在工作日打电话，对一些事表示不满，不过他基本不会在礼拜天打给我。我在想，到底什么事这么重要？"好的，维克，我们有一件紧急的事要立即处理……我看了苹果手机上的谷歌图标，我不喜欢。'Google'中的第二个字母没有正确的黄色渐变度。我让格里格明天把它修好。你觉得这样可以吗？"每当我想到领导力、专注细节这些问题时，就会想起乔布斯在一个星期日早晨给我打来的电话。总裁们应该关心细节，包括每个阴影的颜色，包括星期日。这很重要。

## 嘿男孩，小心人设掏空你的脑

男孩问题，已经成为世界性的问题。从中国到美国，再到欧洲、日本，可以清晰地看出持续了几十年的趋势：从幼儿园一直到研究院，女生的学业表现普遍超过男生。美国的大学因为女生表现超出男生太多，导致男女不平衡，录取男生时竟要在分数上给予照顾。

难道男生智商低于女生？看考试成绩确实如此。不过，据说科学家们已经揭示

出男生的脑容量要大于女生，在生理上不应该有劣势。在我看来，人类社会根深蒂固的性别文化，是造成目前这种"阴盛阳衰"状况的根本原因。

比如，大家都觉得：男孩往往大大咧咧、马马虎虎、以自我为中心、不听话，女孩则认真细心、办事周到、善解人意，并且比较愿意听从长者的劝告。我并非说所有男孩或女孩都是如此，这只不过是大家脑子里的印象或者成见。问题就出在这个成见上。

按说，马马虎虎总不如认真细心好。可惜，一旦和性别角色结合，马马虎虎反而有了正当性：男孩子嘛！家长们说起自己的儿子这样的毛病时，表面上是抱怨、担心，其实话里话外透着一丝骄傲。这就好像说儿子有男子气概一样。

成人的这种态度，立刻渗透到孩子们身上。对一个男孩，你越说他马马虎虎，他往往就越马马虎虎，好像马马虎虎才酷。这还怎么指望他改正这样的缺点？其他方面，如以自我为中心、不听长者教训等，也如出一辙。总之，我们的文化为男孩塑造的性别角色，导致了他们的失败。

我的学生什么程度的都有，有的学起来快点，有的学起来慢点，不好一概而论，但是，男孩和女孩的区别大致还是看得出来的。我有两个学习比较差的女学生，学起来非常慢，开始时真不知道是基础差还是脑子笨。但是，这两个孩子居然坚韧地坚持了下来。我有时很凶地批评她们，但她们都无怨无悔，老师要求什么，就使出吃奶的力气跟上。

几个月下来，我自己都不相信：她们的学业水平提高了一大截！她们开始看似很笨，但事实证明相当聪明，学得飞快！还有两三个学习比较好的女孩，英译中时不仅英文的每个词都落到实处，中文也相当考究；遇到不懂或拿不准的地方，不管是多么细小，总能有针对性地提问。

特别是有个13岁的女孩，在文本和译文中另加注释，把自己的疑问都通过这些注释写清楚，便于老师回答。这么学，文章的起承转合、字里行间的微妙含义，自然都把握得十分精到。

男孩子则不同。其实我最好的学生还是个男孩，应该说是个"神童"，英文在全国比赛中拿过奖。但他有个大毛病：我如果给他一篇文章，让他就不懂的地方提问，他总说没有问题、全懂了。于是我让他逐字逐句翻译，一翻译就露相儿了，很多似是而非的地方让我抓住。我问他这是怎么回事，他自己也表示很无奈。

差一点的学生就更让人头痛了。他们把英文翻译成中文时，估计那译文的许多地方他们自己都读不懂，但也都胡乱堆在那里。很多词汇和语法细节根本不做处理，好像没有出现过一样，只求大意过得去。有个学生碰到一个长句没有搞懂，索性写了一句："这是什么乱七八糟的！"最后不翻译了。

还有个男生翻译一篇讲母象的文章。行文里突然出现了一个cow。背单词出来的学生一看就知道这个单词的意思：母牛！其实大型哺乳动物的雌性都可以用这个词。这也是我不让学生背单词但必须在阅读中勤查字典的原因。女孩子们往往都查，这个问题就自己解决了。

为什么越优秀的人反而越勤奋？古希腊哲学家芝诺的学生曾经问他："老师，你学识渊博，知道的事情那么多，为什么还经常怀疑自己的答案呢？"芝诺回答说："人的知识就像一个圆，圆圈外是未知的，圆圈内是已知的，你知道的越多，你的圆圈就会越大。圆的周长也就越大，于是，你与未知接触的空间也就越多。因此，虽然我知道的比你们多，但不知道的东西也比你们多。"笛卡尔说，没有知识的人总爱议论别人的无知，知识丰富的人却时时发现自己的无知。这大概就是为什么越优秀的人反而越勤奋。

几个男孩子则想也不想就写上"母牛"。我终于忍不住和这个男孩摊牌了:"文章一直在讲母象,怎么突然成母牛了?是孙悟空吗?这么不靠谱,为什么不自己查查字典?我渐渐看出你学习上的毛病:缺乏对细节的关注。这是很要命的毛病,如果不改的话,会一直拖累你。"

我这辈子见了这么多学生,周围朋友中聪明人也很多,都是名校的精英。这些人真就比别人聪明吗?

仔细观察就知道:未必。但他们有个共同的特点:注意细节。别人觉得无所谓的细节,他们则往往当作很大的问题来对待。不管是欣赏莫奈也好,听贝多芬也好,品位高的人,细节辨析得清清楚楚。那些没有感觉的人,不过就是看个画、听个调子而已。非常不同的演奏家弹贝多芬的同一首奏鸣曲,他们都听不出区别来。对细节的关注,决定人的智能、感性的高低。这个习惯一定要注意,别觉得男孩子就可以马虎一点。

欣赏文学、艺术,我们都不希望做个目无细节、没有品位的人。其实在学术上何尝不是如此。所谓大师,往往是那些能在别人不以为然的细节上别开生面的人。然而,我们文化中的性别角色,则鼓励男孩子拿着低素质当高素质来炫耀。他们甚至会觉得细心的女孩琐碎、小心眼,没有高瞻远瞩干大事情的气魄。

也难怪,眼高手低的现象在男孩子中最普遍。大大咧咧成了习惯,做人的风格问题就成为智商问题。学语言是特别明显的例子:细节不注意,文字中的微言大义就体会不出来,最终感觉和理解力都越来越迟钝,学了半天什么都学不会。

许多男孩子接受了成人在日常生活中不断的暗示,于是自己还一无所成,就想当然地认为女孩子读书虽好,但日后打天下的还是男孩。错矣!在一些现代化大都市,在未婚的年轻人中,女生收入已经超过男生。

女生在职场上输给男生，是自己要回家结婚生子、退出竞争的时候，那些不要孩子的，照样能把男同事拼下去。

一个人什么事还没有干、在学校的功课上事事不如人，心里却藏着一股舍我其谁的豪迈，毫无道理地飘飘然——这样的人，能不失败吗？（文／薛涌）

## 脑力大爆炸

无论成功的公式是什么，努力一定包含其中，而且几乎是我们唯一能够掌控的东西。这里的努力，不仅仅是工作的时长——十年甚至数十年的坚持，还包括积极创造、对细节的精益求精。过度粗糙的作风，可能导致我们在任何一个环节掉链子。

 开个脑洞  中午之前洗个澡

英国作家马特·黑格在二十几岁时同时患上了抑郁症和恐慌症，曾一度坐在悬崖边，双脚悬空，试图离开这个世界。在他步入40岁的时候，他出版了一本书，很快成为畅销书，书里认真详细地描述了生活中能够让他感到快乐的每一件小事。这些事情微不足道，很容易被人忽略，然而正是这些微乎其微的小事让他意识到了生活的妙趣，使他有了更认真活下去的愿望。

这些事情包括天空中投射下来的一缕阳光、一次引人入胜的旅行、一个积极乐观的对未来生活的规划，等等。他建议那些仍然生活在忧郁里的人们，用心体味生活中的每个令人愉悦的细节——从"呼吸到新鲜空气"到"读一本格雷厄姆·格林的小说"，再到"中午之前洗个澡"，因为正是这些简单而健康的细节，真正构成生活本身，让我们的生命脚踏实地。这世界其实还是很好的，幸福总是够用。

## 幸福的味道原来都是淡色调

简单而健康地活着就会让人产生对生活的热情吗？对此，包括法国著名心理学家米歇尔·勒朱瓦耶在内的很多心理学专家都持肯定态度。事实上，近些年，很多实验心理学和神经系统学领域的研究人员都在试图搞清楚，为什么某些人身上会具有对生活全身心热爱的能力。

研究人员发现，最容易吸引人们的快乐是那些能迅速实现的快感，也就是通过金钱消费能立刻得到的物质层面的满足。但是，这种对快感的追求，其实很难使我

们获得真正意义上的满足感。而这种对消费的追逐却最能侵占我们的心灵，让我们深陷其中并且乐此不疲。

正如心理医生爱德华·扎里费昂在他的文章《生活的趣味》中指出的，"现实中，推动人们努力生活的三个动力是欲望、权力和金钱。但是，如果这三个目标得不到升华，或者说，如果不把它们转化成为具有想象力和象征意义的事情，只是单纯而绝对地追逐它们，那么一个人的生命就会变得非常贫瘠，成为一个易碎品，注定走向失败。"

更深层次的满足感源于那些非具象的快乐。例如，经过不懈的努力最后在考试中取得好成绩；或者挑战自己的极限，完成一个实现突破自我的作品，等等。

正因如此，所有热爱攀岩运动的人都会告诉我们，没有什么饮料会比在奋力几个小时攀上岩石顶端后，在寒风中喝到的一瓶水更让人感到惬意。

斯坦福大学曾经做过一项叫作"棉花糖测试"的实验，给参加实验的每个孩子一颗棉花糖，能够忍住不吃的孩子，晚些时候可以得到两颗棉花糖。研究表明，那些在棉花糖面前懂得克制自己的孩子，在长大之后面对生活时也更有能力，更加快乐。

美国著名心理学家米哈里·齐克森发现，"能让大多数人由衷感到快乐的，并不是休息和娱乐，而是从事能够调动大脑或者身体工作的活动，是为了实现某个重

日本著名作家村上春树曾说，很多事物都可以产生"小确幸"——微小而确定的幸福，只要你用心体会。这使我们的生活永远值得过下去。关于"小确幸"，他的名言是："生活中为了发现'小确幸'，或多或少是需要自我约束那类玩意儿的。好比剧烈运动后喝的冰镇透了的啤酒——'呜，是的，就是它！'如此让人闭起眼睛禁不住自言自语的激动，不管怎么说都如醍醐灌顶。没有这种'小确幸'的人生，不过就是干巴巴的沙漠罢了。"

要的目标,自愿地为之付出努力,让身体或者大脑为实现这个目标而发挥到极限的过程"。

这种绝对"为自己而存在"的幸福,每个热爱自己所从事的工作的人都能感受到。无论是演奏会上的小提琴师,还是厨房里尝试新菜品的厨师,那些全身心投入自己所从事的工作中的人,甚至都不会去考虑他们生活得到底快不快乐,他们已经完全沉浸其中。

研究人员认为,妨碍人们产生对生活的热情的主要障碍,除了一味地追逐快感的过度消费,还有现代社会人们日常活动的多样化和快速化。丰富多样的各种日常活动和高速运转的生活节奏,使我们无法真正投入其中任何一种活动,更无法真正体会其中的乐趣。从这个意义上说,简单而健康的生活方式反而可以帮助我们培养对生活的热情。

米歇尔·勒朱瓦耶表示,"我们每个人都有训练自己改善自己情感生活以及情绪的能力。这并不只是一种想当然的愿望,而是有科学根据作为基础的论断。近期科学数据证实,快乐是一件可以通过训练而实现的事情。通过改变一些日常生活中的小习惯,能够改善一个人的心理健康状况,这个观点现今已在医学界得到普遍接受。"

米歇尔·勒朱瓦耶在他的书中介绍了培养生活热情的秘方,提出了一些具有决定意义的习惯。首先是体育运动。米歇尔·勒朱瓦耶指出,有规律性地进行一项运动,能够提高身体的内啡肽、血清素和肾上腺素水平,这些激素都是在人们面对压力时起到平衡和舒适作用的激素。

他说:"近期一项研究显示,每天快走6分钟,对生活的兴趣就可以提高30%。我们不一定要成为马拉松选手,也不一定要投身于极限运动,只需要长期坚

持一种运动,让心跳加快30％就可以起到决定性的作用。危害我们身体和心理健康的最大敌人,就是久坐不动。"

而另一个敌人则是"营养缺乏"。研究人员发现,经常性缺乏某种营养成分会损害感受生活乐趣的能力。"尤其是维生素D的缺乏,这对很多人来说都是一个大问题。缺乏维生素D会导致'情感佝偻症'。所以,我们需要在早上晒晒太阳,或者在白天补充一下日照,都可以缓解这个症状。光线除了可以让我们减少忧郁,还能降低体内的饥饿荷尔蒙,避免我们产生饥饿感,不停地大吃。"米歇尔·勒朱瓦耶透露,一些蔬菜,例如西葫芦、生菜等,都被证实对抵抗忧郁有着切实的效果,可以说是"自然界的安神药"。

此外,记录"幸福日记"是同样奏效的办法。米歇尔·勒朱瓦耶在给抑郁患者看病时,开出的药方很多只是上述这些小习惯。它们看上去似乎很微小,却可能是最好的东西,能让你重新发现这个世界,仿如新生。（文/夏瑾）

**脑力大爆炸**

学会与人分享和交流,也是保持快乐的秘诀。即使你不是一个性格外向的人,如果你表现得很外向,努力让自己显得大胆、精力充沛、有行动力,不管你的真实天性如何,你的表现都会让你在社交过程中汲取正能量。

 拉了一条鄙视链

著名作家钱锺书先生在《围城》里说:"在大学里,理科学生瞧不起文科学生,外国语文学系学生瞧不起中国文学系学生,中国文学系学生瞧不起哲学系学生,哲学系学生瞧不起社会学系学生,社会学系学生瞧不起教育系学生,教育系学生没有谁可以给他们瞧不起了,只能瞧不起本系的先生。"这是一条简单的"鄙视链"。占据鄙视链顶端的人,同样站在食物链顶端吗?答案可能正相反,因为正常情况下无知者更无畏。

在鄙视链上挂得久了,自然会错过发展的节点。总是鄙视别人的人,当然会局限在知识的边界里。拿着点小玩意儿就排斥别人,好比庄子笔下的鹓:鹓雏去北海,非梧桐树不栖,非竹子的果实不吃,非甜美的泉水不喝。它在路上遇到一只正要吃臭老鼠的鸱,鸱竟疑心鹓雏也想吃一块儿臭老鼠,就对着鹓雏大喊一声:"吓!"哎,罪过罪过,居然庄子也拉了一条鄙视链。

## 觉得别人弱爆了,是种不大好的"病"

美国匹兹堡一个名叫麦克阿瑟的抢劫犯接连洗劫了两家银行。这位麦克阿瑟实乃"神人":他甚至没有使用任何伪装技术把脸遮住,就这么在光天化日之下抢抢抢!警方不到一个小时就凭银行的监控录像将其捉拿归案。

这家伙被抓住之后满脸诧异:"我明明往脸上涂了隐形水啊!你们怎么还看得见我?"麦克阿瑟所说的"隐形水",其实是指他在脸上涂抹的柠檬汁……这果然是个神人吧?这位麦克阿瑟在涂了柠檬汁后,应该还能看见自己的吧?很显然,他

偏偏就是"看不见自己"。

心理学家把这种现象称为：虚假优越感。

杰克是国外某顶尖高校电脑编程学院的招生官，他每年阅读大量申请者的个人资料和自荐信，其中就有太多的学生表示："我熟悉各种编程语言，且有三年以上的编程经验。光凭这一点，我有自信：我已经超越了报考贵校所有考生的平均水平。"

杰克说，现在他面对这种鸡肋一样的考生已经很淡定了。刚开始通过面试得知真相的他会很气愤："你说的三年经验，就是说三年前开始接触编程，实际上高中三年期间从没编出什么像样的东西来！"

杰克还坦白，他以前也做过类似的傻事。杰克年轻的时候曾梦想加入苹果、微软、谷歌这种高科技的泰斗企业。他在向微软递交申请时表示："我仔细研究过你们微软最近的一个软件，我发现里面有不少问题，而且我有能力解决，只要你们把源代码都给我，当然还要聘用我！"

结果在面试环节，杰克就被刷下去了……在一个团体面试环节，面试官拿来了一个和杰克提及的软件很类似的代码让他们分析问题。现场只有一半的求职者在规

著名作家梁晓声在大学任中文系教授时，大一刚开学，他让每个学生朗诵课文。第一个女孩朗诵得磕磕绊绊，梁晓声并不满意。第二个女孩朗诵得很顺畅，却没有感情色彩。第三个女孩朗诵得声音洪亮，又富有感情，接近专业播音员的水平。教室里响起一片掌声，梁晓声也跟着夸奖这位女生。

可这位女生却突然说："梁老师，这样比是不公平的，我小时候接受过专业的训练，但我并不是优秀的水平，如果我的同学从小也接受专业的训练，一定比我的水平更高。"梁晓声突然被这个说话的女孩感动了。他说一个国家真正的文明取决于这个国家青年人骨子深处的谦卑。

定时间内找出了软件的漏洞,而杰克是失败者中的一员。

这不,有两个心理学家不仅对"虚假优越感"进行了深度研究,还因此获得了诺贝尔奖!等等,他们获得的是"搞笑诺贝尔奖",这两位获得"搞笑诺贝尔奖"的心理学家,名叫达宁(Dunning)和克鲁格(Kruger),而他们研究的"无知者无畏"的心理现象也由他们的名字命名——达克效应(Dunning-Kruger effect)。在他们的论文中,两人引用了达尔文的名言:"无知要比知识更容易产生自信。"

他们指出:人们在做决定之时总是欠考虑,因此所做的决定错误百出,做出的判断也是漏洞满满。这主要是因为人们无法正确、全面地认识到自身的不足,也就无法及时发现和辨别自己的错误行为,更别谈错误的纠正了。

这些能力欠缺者沉浸在自我营造的虚幻优势之中,常常高估自己的能力水平,却无法客观评价他人的能力。现在我们都明白了,为什么有的人越无知,越觉得自己高人一等:这些无知到爆的人,连搞清楚自己有多无知的能力都没有!

关于他们的研究成果,还有一点没说。他们通过研究还发现,那些真正有才干的人,却往往低估自己的能力。比如,当他们接到一项做起来明明很难,但在他们眼中却是"很简单的任务"时,会误认为这项任务对所有人来说都同样简单。

问题就出在这里的"有才干",只是说他们懂的知识、掌握的技能很出色,而他们的认知能力还是有一定缺陷的,因为他们和那些无知的人一样,无法准确评估自己明明已经很优越的位置。

就像上面提及的"达克效应":那些知识和技能明明都更为出色的人,自信心可能早已跌到谷底。也许你会说:"那又怎么了?他们能把事情做好就行,至于他们觉得自己还不够好,这说不定还能让他们保持谦虚谨慎呢,不是挺好的嘛!"正

如英国著名数学家、哲学家贝特朗·罗素所言:"我们这个时代让人困扰的事情之一是:那些对事确信无疑的人其实很笨,而那些富有想象力和理解力的人却总是怀疑和优柔寡断。"(文/张真)

**脑力大爆炸**

　　认识自己是一生的功课。想要做到这一点,应该尽可能多地从更多的地方发现自己。不要一味地指责所有同行者都是羁绊,也不要对自己没有信心,轻言放弃。学习和生活中,要学会适时调整心态,正确定位。这样,一个人才能成为更好的自己。

 灵魂与身体要有一个在路上

牛津大学有项久负盛名的罗德奖学金,这项创立100多年的奖学金有四项标准,其中一项居然是喜爱体育。他们认为,这样的人往往具备优秀的心智,是值得栽培的未来领袖。哈佛大学的调研显示:毕业20年后,为母校捐款最多的并不是学习最好的学生,反而是那些有"校队"背景的学生,这些学生无论当年还是现在都是最有集体荣誉感的。

有证据表明,有长期运动爱好的人更容易脱颖而出,成为核心人物。因为他们懂得如何竞争,而且明白团队合作的重要性。在竞争落后的情况下,核心人物必须能摒弃杂念,集中精力打好下一场"比赛"。获胜的机会往往转瞬即逝,必须保持高度的注意力才能捕捉到。这恰恰是一个成功者应该具备的素质。所以,掌握一些符合自身特点的运动技能,适当参加一些体育比赛很有必要,这将最大限度地拓展心智的禀赋,甚至终身受益无穷。

# 跑起来,学一手神思飞扬的炼心术

左腿截肢的跑者萨拉·瑞纳森如此描述自己奔跑渐入佳境时的状态:"我有种世间万物都自然融合在一起的感觉,就连假肢也似乎和我的身体融为一体了。"这就是传说中的"跑步者愉悦"。

"一般出现在跑步半小时后,突然感觉不到疲惫,全身都是满满的快乐和激情。""腿带动身体,呼吸欢快,停不下来。""我整个心都明亮了起来,感觉世界巨大。""特高兴,不自觉地就是想笑,就是要加速。""觉得自己可以永远跑

下去。""如果状态好,跑到十几千米时会兴奋地放声歌唱,憋都憋不住……"

数不清的"跑友"纷纷在网上分享自己的神奇体验,在他们看来,这种情况通常"可遇而不可求"。自然也有不少人费尽心机地反复试验以寻找攻略。这种状态是在跑步中瞬间体验到的一种愉悦感,通常不可预料地突然出现。当出现时,跑步者的健康幸福感高涨,而且有强烈的时空超越感。

"那是一种类似神启或者顿悟的体验,活到现在我一共也没体会过多少次,但从那次开始,那股没理由的抑郁慢慢消失了,如果说我找到了什么能够紧紧抓住的生命依凭的话,我想长跑可能就是其中的一种。"这是一位曾为抑郁症所困扰的跑者经历"跑步者愉悦"后的记录。更多情形下,跑步对抑郁和焦虑的疗效是潜移默化的。

万科前高级副总裁、企业家毛大庆患上抑郁症时,连来电话时的铃声都无法忍受,推掉了许多重要会议躲在家里。他被认识的几位教练劝着来到公园里"走走看",起先几回是快走,后来是慢跑,逐渐800米、1000米,后来一口气能跑5000米。"我觉得我实在太伟大了,这根本无法想象!我曾经中考加试800米不及格……人很多时候不认识自己。"

于是40多岁的他跑上了瘾,天天晚上跑5000米,"一次比一次觉得自己牛",后来变成1万米。即便冬天下大雪,早晨五点半也要起来跑到天亮,"耳朵

从科学角度来看,"跑步者愉悦"是由大脑在特定情况下所释放出的内啡肽等物质所触发。有科学家认为,"跑步者愉悦"相当于天然的止痛药,能让人忽略疲倦和布满水疱的双脚。1982年美国波士顿马拉松中,曾有一位来自盐湖城的长跑运动员在跑了11千米后股骨骨折,却在跑完了全程42千米后才瘫倒在地。也许这是人类身体进化过程中为求生存而给予自己的"奖赏"和"抚慰",也是诸多由跑步引发的神奇效应的物质基础之一。

边上都是冰柱子"。他成了马拉松的推广者。"远离抑郁,最终是要看清楚自己是谁,抑郁症患者就是看不清自己,看清自己就不会抑郁了……跑得越远,离自己越近。"

跑步是缓解抑郁、焦虑等社会病的一剂良药。在美国,跑步的风潮经历过三次兴起,而每一次都是在遭遇社会危机、人心惶惶之时。这也许和我们祖先面临丛林挑战时一样,危险激活了体内奔跑的本能。而反过来,当身陷看不见的囹圄之中时,迈开有形的双脚或许真的是释放压力的有效姿势。

作家梭罗说:"当我的双腿开始移动的时候,我的思维开始奔流。"美国小说家卡罗尔·奥茨灵感枯竭时,就离开工作台练习跑步——丰收的果园、沙沙作响的玉米地、嶙峋的断崖边,而这些活动地点最终出现在她的故事中。"在理想状态下,跑步好像帮助我延展了意识,使我能够把自己写的东西想象成一部电影或一个梦境。"连著名主持人白岩松也说,自己很多节目的灵感,都是在跑步时"捡"到的。"这就像中国画,在浓墨重彩中留白,让画有了更高的境界。"

很多人非常珍惜跑步时的独处时光:关掉电话,将视线从各种屏幕和纸面挪开,在相对固定的时间做一件固定的事情,虽然机械般重复,却更像一种朴素的仪式,构筑起一个人生活中难得的稳定的安全感。像村上春树一样,"不需要和任何人交谈,不必听任何人说话,只须眺望周围的风光,凝视自己便可。这是任何东西都无法替代的宝贵时刻。"

在他的描述中,跑步不仅是运动,更像是一场修行——"跑到最后,不只是肉体的痛苦而已,连自己是谁、现在正在做什么这些事都从念头中消失了。""我是我,我也不是我,当时这样觉得。那是非常安静的、静悄悄的感觉。"

这是富有禅意的体验。一方面可能是奔涌不息的灵感,一方面又是万物解甲归

田后的空寂，身体成了精神的神殿，而自我仿佛被轻松解构，融化在大自然里。

即便从高处回归个人与现实，跑者们也无疑是醉心于观照自己的虔诚教徒。步幅加快，思绪飞驰，他们的超人变成了自己——一个拥有杰出意志力、耐力和体力的自己，一个全身的肌肉、骨骼、血管健康从容的自己，一个掌握了呼吸韵律、步伐节奏，进而掌控生活的自己，一个变得越来越好的自己。慢慢冲破一个又一个关卡的成就感，让人感觉一切尽在掌控之中。这是一份自我挑战，而跑者依赖它重建自己的新形象。

电影《推拿》中有这么一句台词："这个世界上眼睛是有分工的，一部分眼睛负责看到光，一部分眼睛负责看到黑。"但脚步是没有分工的——只要你愿意，哪怕是借助跑步机、假肢、轮椅甚至滑板，都可以上路丈量这个世界，这是另一种权利的"平等"。

著名跑者艾米·穆林斯先天没有腿，她却戴上假肢，在众人质疑的目光中，爱上了奔跑。在一次选拔赛中，才跑出100米，她的假肢便脱落了，她在5000多名观众面前摔倒。教练告诉她："捡起假肢，继续跑步，只有这样，你才能得到尊重。"日后创造了残疾人竞赛纪录的她，认为是跑步让她"找到了尊严"。

几年前，在美国波士顿马拉松终点附近观赛的丽贝卡因为爆炸受重伤，失去了她的左腿。而在之后一次波士顿马拉松赛中，丽贝卡戴着假肢"卷土重来"。她站在大风大雨中跑完了5.6千米，冲过终点线后，她喜极而泣，引用了《圣经》中的一句名言——"那美好的仗我已经打过了，该跑的路我已经跑尽了。""我将用自己的表现向全世界宣布，我回来了，我比以往任何时候都更加强大。"

奔跑不仅仅局限于孤独的"单人模式"，除了身心与自然的融合，也可以选择相互支持与协作的"跑团模式"。和志同道合的跑友一起相遇、出发、挑战陌生地形，让跑者更有"找到组织"的温暖感。

除了身体愉悦，跑者同时收获了"角色愉悦"。他们的脚印在跑道上汇成江河，看似偶发的个人活动碰撞成为社交与潮流，挑战并更改着俗套运转着的旧城市，个体的"心灵炼金术"终将推动庞大群体的缓慢转型。

无论晨昏、无关季节，有人欣喜地飞驰，有人慢步沉思。作为人生与时代的隐喻和缩影，跑步提供了一套哲学含量丰富的提纯方式——像一把出现在前方的钥匙，引诱人们不断超越现实，跟未知的自己相遇。（文／曲辉）

## 脑力大爆炸

跑步要敢于开始，更须坚持，不想再继续的时候，再坚持一下，就会突破；想有任何效果，每次至少跑半个小时，最好一小时；要享受成长，跑起来之后，原来一万米根本不是问题。身体，给它足够时间适应，它就能干出很多让你意想不到的事。

"从明天起",不仅意谓着真心了解这个世界,学会生活,更意谓着努力创造,用自己的头脑,更用自己的双手。实际上,当你积极行动,打破旧有的停滞模式,整个世界都会被抹上亮色。

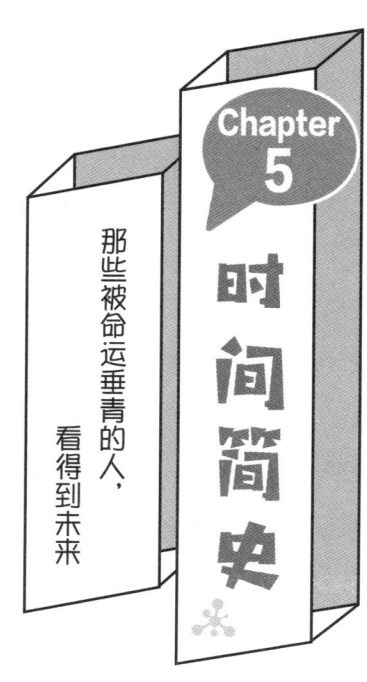

# Chapter 5
## 时间简史

那些被命运垂青的人，看得到未来

### 藤蔓植物左旋右旋有道理

很多藤蔓植物是依靠缠绕在其他植物或架子上生长的。像金银花、菟丝子等植物始终是向右缠绕的，而牵牛花、扁豆等则始终是向左缠绕的。最"自由"的当属何首乌，它有时左旋，有时右旋。这些植物为什么会有固定的缠绕方向？

研究发现，藤蔓植物缠绕的方向特性，是祖先遗传下来的。远在亿万年前，有两类攀缘植物的始祖，一种生长在南半球，一种生长在北半球。为了获得更多的阳光，生长得更好，它们茎的顶端随时朝向东升西落的太阳。这样，生长在南半球的植物的茎就向右旋，而生长在北半球的植物的茎则向左旋。经过漫长的进化，便形成了固定的缠绕方向。此后，它们虽被移植到不同地方，缠绕的方向性却固定下来。而起源于赤道附近的攀缘植物，由于太阳当空，缠绕方向便没有固定。生活中，有必要了解藤蔓植物是左旋还是右旋，如果错把左旋植物以右旋方式缠绕，它很快就会自行脱落。

# 好奇心驱动世界

网上曾有一个很好玩的帖子，内容只有两句话：向日葵白天跟着太阳转，从东边到西边，那晚上干什么呢？而且太阳下山时它头在西边，第二天早上怎么回到东边去？一个甩头吗？

迅速脑补后，大家纷纷被戳中笑点，当然也有人认真去解答了这个问题。向日葵当然不会甩头，由于植物有向光性，又有生长素的作用，所以向日葵会随着日照而改变自己的朝向,植物学家测量过,其花盘的指向落后太阳大约12度,即48分钟。太阳下山后,向日葵的花盘又慢慢往回摆,在大约凌晨3点时,又朝向东方等待太阳升起。

好奇心强烈的人应该不满足于此,还会提出诸如此类的问题:植物的向光性到底是怎么回事,它们用什么来看到光;生长素到底是什么东西,它们是如何作用于植物的;等等。

历史上拥有这些好奇心的家伙很多成了出色的植物学家。我们现在所知道的植物学常识,看似简单,但得到那个结论,背后所蕴含的过程与智慧是大部分人所不知道的。每一点点的进步都需要科学家有一颗细致的心和强大的科学思维,以及一点点的运气。

接下来举个例子。

植物每时每刻都在变化姿势,但肉眼是看不见的。英国生物学家达尔文通过长时间的留意发现植物并不是静止的,它的茎尖貌似在做运动。于是,达尔文把一块板子挂在一株植物的上面,然后隔几分钟就记录一下茎尖的位置。连续几天下来,就得到一群不同位置的点,按照时间顺序可以明显勾勒出来,茎尖在做一种回旋式转头运动。

有一些植物的这种运动还很疯狂。比如蚕豆苗,它画的圆圈半径有10厘米。而另外一些植物就略显呆滞,比如草莓枝条的运动轨迹只能以毫米计。郁金香大约4个小时转一圈,一种叫作拟南芥的茎转一圈短的要15分钟,长的要24小时。而且更有趣的是这种运动还会受外界因素影响,比如一个波兰科学家玛丽亚·斯托拉尔兹就很奇葩,她用打火机去烧向日葵的叶子,然后发现向日葵绕圈的速度竟然加速了。

达尔文发现这个旋转的特点后，得出一个拟人化的结论，他认为植物回旋转头是植物运动的驱动力。因为植物会摇头，所以表现出明显的向光性和向地性。直到大约80年之后，这一假说才受到挑战。瑞典隆德技术研究所的多纳尔德·伊斯雷尔森和安德尔斯·约翰森提出了一个替代的假说，认为植物的摇摆运动应该是向地性的结果。

这两人认为在植物生长时，茎的位置发生变化后，每变动一点点，植物就有一个反应的时间。比如植物正在向下长，本来应该向上，但是有延迟，等到反应过来已经超过了向下的线，于是以此类推，就这样来回矫枉过正，循环往复造成了这个摇摆运动。这和达尔文的观点正好相反。

如果达尔文的理论是正确的，这种运动是内驱的，那么即使没有重力，回旋转头运动也会继续进行；如果伊斯雷尔森和约翰森是正确的，那么植物的回旋转头运动在失重的情况下将不复存在。

但怎么制造失重的条件？这个问题抛出来如果太空技术不到位，那么同时代的人就没法验证这个想法。所以，解决这个问题得等到20世纪。

1983年，一个叫阿兰·布朗的植物生理学家在哥伦比亚号航天飞机上进行了他的植物实验。宇航员在轨飞行的时候监测了向日葵幼苗的运动，结果几乎百分之百

圣埃克苏佩里的经典童话《小王子》中，遥远星球上的小王子爱上了一朵玫瑰，每天精心照顾着它。童话中的小王子和玫瑰都生活在外太空，那么，外太空的玫瑰究竟什么样？美国"发现者"号航天飞机曾将玫瑰带到国际空间站。在失重状态下生长的玫瑰，香气更加甜美，挥发性更小，更有神秘感。日本化妆品公司根据"太空玫瑰"的香气，开发了系列香水。实际上，太空实验是当下最热门的研究之一。这不能不让人感慨历史上那些没条件"上天"的科学家究竟错失了什么。

的幼苗都展现出旋转生长的运动形态！也就是说在几乎无重力的条件下。向日葵幼苗仍然像它们在地球上那样继续打着旋儿运动。所以，达尔文胜利了。

但不要着急。

日本航天局的高桥忠幸及其同事曾经监测过一种特殊的牵牛花。这种特殊的牵牛花没有内皮层，而内皮层是牵牛花感知重力的重要部分。失去内皮层的牵牛花不能进行这种螺旋运动。这个实验结果有意思了，因为这正好支持伊斯雷尔森和约翰森的理论：回旋转头和向地性有关。

到底是内禀行为还是外力导致的呢？

高桥忠幸就这两个矛盾结论给了一个推断：飞船上的实验是用在地球上已经萌发的种子做的，地球上形成的种子很可能和太空中形成的种子有不同的性状，在哥伦比亚号上进行的实验可能因为时间受限而影响了实验结果。这次实验仅持续了10天左右，高桥忠幸不太服气。

长时间实验的条件，直到千禧年后国际空间站慢慢健全才得到满足。2007年，安德尔斯·约翰森和他的挪威同事在空间站上进行了一项为期数月的实验，他们把在空间站上萌发的拟南芥植株，种在一个设计好的密闭容器中，然后监测它们的运动。最终发现在失重条件下，拟南芥植株仍然展现出了螺旋状的运动，只是幅度很小而已。但这个圆周运动的半径和运动速度都要比地球上的时候小，说明重力是增强这种内秉运动的必需条件。

科学家还做了对照实验，这些失重的植物被放在了离心机里，主要是用来模拟重力环境。科学家们又发现一旦离心机启动，植物的回旋运动就比较夸张，一旦停下来幅度就会变小。最终完美证明重力不是运动的必需条件，而是修饰和放大植物这种内在运动的必需条件。

所以，达尔文是对的。

这整个过程中的科学思维是多么经典，而那些赶上科技进步的科学家是多么幸运啊！人们对植物的这些好奇心，其实体现出来的是人类对生命的尊重。只有当你把植物与人类类比，你才会有一些疑问产生，比如植物能看，能听，或者他们有触觉和味觉吗？正是被这样的好奇心驱使，历代科学家才逐渐给我们揭示出一个令人惊叹的植物世界来。（文／魔云兽）

## 脑力大爆炸

每个人小时候都有一只奇异兽，它们有一个共同的名字。随着生活变迁，当夜幕降临，很多人突然发现包围自己的是无尽孤独，而那只可爱的奇异兽也已离自己远去。人若失去可以带路的奇异兽，也就是那个叫作好奇心的伴侣，就永远无法抵达理想彼岸。可只要它们还在，总有一天，它们会带着我们去到更奇妙的世界。

假期结束后,亚历山大·弗莱明回到实验室。这位英国生物学家对细菌十分着迷。"一战"期间,因目睹许多士兵由于细菌感染而死去,他开始研究如何杀灭细菌,但始终一无所获,直到1928年的这一天。

当时,他正准备清洗一只细菌培养皿。由于用过之后没有及时清洗,这只培养皿长满来霉菌。正是这只可能被扔掉的培养皿,令弗莱明的研究有了突破:他敏锐地发现细菌和霉菌之间存在空隙,似乎细菌在故意避开霉菌。他利用显微镜观察空隙处,发现那儿其实有细菌,只不过它们已全被杀死。

这就是人们熟知的弗莱明偶然发现青霉素的故事。不过很多人不知道的是,尽管弗莱明最早发现了青霉素,但他没能把青霉素单独分离出来,甚至他1929年发表的研究论文也一直未受到重视。直到将近10年之后,一位德国化学家才从旧书堆里看到那篇论文,重新启动青霉素的提纯实验,并最终使青霉素挽救了无数生命。

# "偶然"是个发明家

2012年的春天,费德莉卡·贝尔托奇尼发现她院子里的蜂巢被巢虫(蜡螟的幼虫)寄居了,这些家伙会不管三七二十一把蜂蜡、蜂蜜都给啃个精光。她恼怒地把它们清理并放入塑料袋,扎紧袋口,然后继续去忙活。几个小时后,当她再次把目光投向装巢虫的塑料袋时,不由得大惊失色。"塑料袋上全是小孔,巢虫们全都逃走了!"她回忆道。

费德莉卡的另一个身份是西班牙坎塔布里亚医学与生物技术研究所的生物学家,惊讶过后,她立马意识到巢虫可能具备消化塑料的能力。为了验证这一猜测,费德莉卡和同事们把巢虫捣成泥后糊在塑料上。14小时后,塑料的质量减少了13%。由此可见,巢虫体内一定存在某些能够降解塑料的物质。

这一发现让科学家喜出望外,因为塑料很难在自然环境中降解。"可能是巢虫肠道内一种酶的功劳,不过目前我们尚未弄清与降解有关的全部化学物质。"费德莉卡谨慎地说道。如果她能够成功地分离出这些化学物质,并且实现大批量的工业生产,人类就再也不用担心塑料垃圾对土地和海洋造成的污染了。费德莉卡的发现或许会给我们的生活带来翻天覆地的变化,而变化的开端只是一个小小的偶然。

美国发明家查尔斯·固特异从1834年开始研究橡胶的改性,因为天然橡胶对温度过于敏感,温度稍高就会变软变黏,温度一低就会变脆变硬,连鞋子都做不了。1839年的冬天,他的试验终于有了突破。他发现添加了硫黄的橡胶比天然橡胶的形态更加稳定,只是提升并不明显。于是,他拿着试验品去找他的合伙人威廉·伊莱商量,在谈话过程中,不知是他们中的哪个,随手把这块试验品放在暖炉上,直到

1844年12月,位于美国东海岸哈特福德的表演大厅内,一名宣讲人正向观众介绍一氧化二氮(笑气)的作用。随后,观众们纷纷自告奋勇上台参与。在笑气的作用下,他们陷入失控的大笑中。一位名叫萨缪尔·库莱的参与者,他的腿甚至撞到了木凳,鲜血直流,也毫无察觉。倒霉的库莱给了在场的美国牙科医生贺拉斯·威尔斯灵感:是否可以用一氧化二氮来使外科手术患者失去痛觉呢?表演结束后,威尔斯问库莱疼不疼。"完全没有任何感觉!"库莱肯定地回答。为了亲身验证一氧化二氮的止痛效果,威尔斯拔牙时使用了一氧化二氮,果然一点都不疼!现代麻醉从此诞生!

闻到煳味才察觉。固特异原以为试验品就这么毁了，但实际情形正好相反，加热后的硫黄橡胶竟然不容易变软也不容易变脆了！四年后，橡胶硫化技术正式问世：把橡胶和硫黄一起加热到130摄氏度，就能得到形态稳定且弹性良好的硫化橡胶。20世纪初，硫化橡胶被大规模应用于汽车轮胎的生产。

1947年的一天，美国工程师珀西·斯宾塞正在雷神公司（专门生产军用装备，特别是雷达）的实验室内测试雷达的核心部件磁控管（可发射电磁波）。测试结束后，他发现裤子口袋里装着的花生糖全都化成了一团！惊讶过后，他立马想到这可能是磁控管产生的电磁波加热而致。于是，他拿生鸡蛋和玉米粒做了实验，证实了他的猜想。由此，斯宾塞立刻形成了微波炉的发明构思：利用磁控管产生的电磁波来快速加热食物。1947年，雷神公司研制出了第一台微波炉。1967年，微波炉正式面向公众发售。

1903年的一天，化学系大学生爱德华·贝内迪克都斯在做实验时，不小心把桌子上的烧瓶打落在地上。不可思议的是，烧瓶并没有摔碎，只是开裂而已。检查之后，他得知，原来烧瓶里面装有赛璐珞（由硝化纤维和樟脑等制成，被认为是人造塑料的始祖）溶液。溶液蒸发后，在烧瓶内壁上留下一层薄膜。正是由于这层薄膜的存在，烧瓶碎片才能保持原状而不是四散飞溅。几天后，一则有关两名女性被汽车玻璃碎片所伤的车祸新闻令贝内迪克都斯大为动容。他由此联想到黏结烧瓶碎片的赛璐珞，经过多次实验，在玻璃层之间夹着赛璐珞的夹层玻璃出现了。夹层玻璃最初被用在防毒面具上，在第一次世界大战时证明了自己的性能，随后被汽车制造商用于风挡玻璃，风行至今。

　　1856年，刚刚18岁的威廉·亨利·佩尔金在研究一种治疗疟疾的药物的过程中，意外地合成了一种漂亮的紫色染料。在他之前，紫色染料只能从稀有植物中提取，相当昂贵，而佩尔金合成的紫色染料不仅价格低廉，而且不易脱色。于是，佩尔金放弃学业开办了世界上第一家合成染料工厂，并从中获得了巨大的财富，因为当时的君主们均以红紫色为时尚，比如法国拿破仑三世的妻子欧仁尼皇后、英国的维多利亚女王。如今，各种各样的人工染料仍装点着我们的生活：看看我们身上的T恤、牛仔裤……（文/［法］伊曼纽尔·戴斯刘易斯）

## 脑力大爆炸

　　所谓的意外科学发现，往往被称为"无心插柳柳成荫"。不过，科学研究不能仅凭撞大运，还需要能够领会其中的意义。正如著名生物学家路易·巴斯德1854年在里尔学院开学致辞中所说的那样，"在观察事物之际，机遇偏爱有准备的头脑"。

很多人可能就像一本书里写的波美罗依小姐——"波美罗依小姐常以一些小吃和点心充饥,并不准备正式的饭菜,有时候躺在地板上听音乐。她的卧室里没有挂家庭的照片,她也从来不整理床铺。她的电话也难得响起。"

书里的波美罗依最后被一只会读书的小老鼠改变了生活态度。在圣诞节那天她给它"做了一些很不平常的东西",包括两块圣诞饼、一个煮得老老的鸡蛋,以及让它成为一本书的主人公——这本书里的所有文字是她亲手书写的。

著名诗人海子曾写道:"从明天起,做一个幸福的人/喂马,劈柴,周游世界/从明天起,关心粮食和蔬菜……""从明天起"的意思,不仅是真心了解这个世界,学会生活,更要努力创造,用自己的头脑,更用自己的双手。实际上,当你积极行动,打破旧有的停滞模式,整个世界都会被涂抹上亮色。只有这样,才可能真正"面朝大海,春暖花开"。

# 一流大学更想你"动手动脚"

如果用一个词来说明欧美国家的教育理念,那就是哈佛大学的校训:Truth(真理)。追求真理,这是教育的终极目标。

如果用两个词来说明欧美国家的教育理念,那就是麻省理工学院的校训:Mind & Hand(思维与双手)。既会动脑,又会动手,才是理想的人才。所以,欧美国家的一流大学都特别重视学生动手能力的培养。

汉语中,"博士"对应英语中的PhD,虽然学位级别一样,但词源迥异。汉语的"博士"原是通晓古今的博学之士,强调的是知识面。后来,"博士"又可指精通某种技艺的人才,故有"茶博士"等称谓,没人关心他们有没有头脑。总之,不管是"博士"的哪种用法,脑和手都是分离的。

英语中的"PhD"是"Doctor of Philosophy"的缩写,直译成汉语就是"哲学博士"。很多人把欧美这个学位理解为"哲学专业的博士",其实犯了望文生义的错误。这里的"Doctor"指动手能力如"医生"这种职业者;"Philosophy"则指思维力如"哲学家"这样的人。一个人同时具备这两种素养,才是教育的终极目标,故被用来称呼教育的最高学位。

哈利·威尔教授是牛津大学的知名化学家,他退休之后到新加坡国立大学任教,担任该校的科研副校长。关于东西方教育的差别,他说:"华人学生考试成绩都很好,但是动手能力一般比较弱。"新加坡跟中国的情况很相似,一切都是围绕着一个分数,所以较难培养起学生的动手能力。

哈利·威尔教授谈到了当今大学生最应具备的三种素质。首先,现在是信息爆炸时代,学生必须学会筛选信息,摒弃大量无用信息的干扰。其次,学生要有独立思考的能力,论证符合逻辑规律,观点要有创新性。最后,学生要掌握好语言这个工具,能够清晰而准确地表达自己,包括口头表达和学术写作。

确实,欧美一流名校很重视学生的作文能力。提起"作文",我们往往会不自觉地想起文采飞扬、引经据典的文字堆砌,然而这不应是作文教学的真正目的。凡是学过绘画的人,可能都会对"画鬼容易画人难"这句话有深切的感受。同样,写作也分写真实和写虚拟两种。抒情的、想象的东西好奋笔,现实的、客观的过程难疾书,因为后者需要认真观察,厘清前因后果,最后还要运用语言能力准确地表达出来。美国高等学校非常重视培养学生的非虚构写作能力,很多大学要求每个学生都必须修读这门课，而且是修读时间非常长的课。

加州大学开设了一门"批判性思维写作"课，不管什么专业，每个入校的学生都需要修读。入学时学校会根据每个人的写作能力分成程度不同的班，一般都要完成两年的写作训练，写作能力达不到要求者则不能毕业。

这种写作不同于一般意义上的"作文"，既不是议论文，也不是抒情文，不能虚构情节。学生需要选定一个研究题目，然后按照学术规范把自己的观察、假设、推理和结论用准确的语言表达出来。

美国高等院校不仅要教会学生善于思考，而且要求他们能够有效地把自己的思想表达出来，所以特别重视口头表达能力和写作能力的训练。要知道，口才和写作不仅仅是被动表达思想的工具，也是使思维深刻丰富且具有逻辑性的最有效途径。

除了重视表达，欧美高校的不少老师，总是想方设法让学生参与到课堂上来，避免自己唱独角戏。在斯坦福大学，我旁听过心理学系克拉克教授的"语言与认知"课。克拉克教授很少在课堂上讲抽象的概念和规律，每次上课都会设计各种各

著名物理学家理查德·费曼曾拿起一本物理教科书，念道：摩擦发光——晶体被撞击时所发出的光……"这样的句子，是否能激起人们对科学的兴趣？不！这只不过是用一些文字说出另一些文字的意思而已。你有没有看到过任何学生回家试着做个实验？我想，他没有办法做，他根本不知道怎么做。但如果你写：'当你在黑暗中用钳子打在一块糖上，你会看到一丝蓝光。其他晶体也有此效应，没人知道为什么。这种物理现象被称作'摩擦发光'。那么，就会有人回家试着自己做，这就是一次与大自然相遇的美妙经历。"好奇和兴趣往往是引发生命热情的驱动力，而恰当的引导会使天才的心灵之光灿如星辰。

样的实验和游戏,把学生分成大小不等的小组,让他们在玩游戏的过程中学习。他还常常把比赛和竞争引入课堂,因此课堂的气氛显得很热烈。

麻省理工学院的莱文教授能把物理学讲成全校最受欢迎的课之一,这真是一种能耐。莱文教授的秘诀有两个:一是把粉笔用得出神入化,既不用直尺,也不用圆规,线条虚实粗细和字体浓淡大小运用自如,让学生享受粉笔艺术。二是精心设计各种实验,每到上课这一天,他和老伴都是早上六点来到大讲堂,准备预演当天的教学实验,让学生通过具体的实验来掌握抽象的概念和定律。让学生从自己动手的过程中获得知识,不仅印象深刻,而且领悟透彻。

另外,东西方高校对"作业"的理解也很不同,相应地,作业在教育上所扮演的角色也很不一样。课堂上,老师很少滔滔不绝地在讲授教材内容,大都是用来讲解作业的。每种教材都有大量的作业,这些作业都是精心设计的,通过做作业来让学生领会其中的概念、规律和理论。有些作业的难度很高,非常富于挑战性。

在欧美高校读书,一门课绝不会简单到期末交一篇论文就完事,而要在老师的指导之下,走完整个论文写作的全过程,从选题到收集材料再到写成论文,都要经常与老师交流。老师从不给学生出论文题目,也不划定问题的范围,而是让学生自己去摸索。为了完成一篇学期论文,一学期下来,学生都要找老师五六次。在这种重过程的模式下,学生自然会培养起独立动手的能力。(文/石毓智)

## 脑力大爆炸

通常,人们会不假思索地把"动脑"理解成"脑力劳动",而把"动手"看作"体力劳动"。"脑力劳动"和"体力劳动"甚至是职业分工的标准。实际上,动脑和动手是一个人智慧的两个方面,"动脑"是符合逻辑的分析力,"动手"则是实现思维成果的行动力。动手和动脑是"智慧"这枚硬币的正反两面。

## 开个脑洞

### "缸中的大脑"实在很玄妙

想象一下,有一个疯狂的科学家把你的大脑取出,放在生命维持液中。大脑上插着电极,电极连到一台电脑上。因为你获取的所有关于这个世界的信息都是你的大脑来处理的,如果你接收到的所有信息都由这台电脑灌输给你,那么你要如何来证明你周围的世界是真实的,而不是由一台电脑产生的模拟环境呢?这就是著名的思想实验——"缸中的大脑"。这个实验的核心思想是让人们质疑自身经历的本质,并思考作为一个人的真正意义是什么。

这个实验的原型可以一直追溯到哲学家笛卡尔。笛卡尔曾提出一个疑问——能否证明他所有的感官体验都是他自己的,而不是由某个"邪恶的魔鬼"产生的。笛卡尔用他的名言"我思故我在"来回答这个问题。不幸的是,"缸中的大脑"实验更为复杂,因为连接着电极的大脑仍然可以思考。有许多人对此实验的前提进行反驳,但仍没有人能有力地回应其核心问题:究竟如何才能知道什么是真实?

## 活在电脑里的你是否还是你

自古以来,人类对灵魂是否存在的猜测从未间断过,也没有得出任何准确的结论。那么,假如把人的大脑信息上传到电脑里保存起来,对人的意识和记忆进行备份,算不算灵魂的另一种存在方式呢?

俄罗斯的一名富豪曾悬赏上千万美元,试图找到把自己的大脑上传到电脑里的方法,他认为这样在他逝世之后,他的大脑仍然可以以无形的方式生活在电脑程序中。假如这位富豪真能实现他的愿望，虽然没有了身体和触觉，但他仍然能看网页、打游戏、发邮件、写代码、炒股、聊天……基本上一个正常人能在电脑上做的事，他都能做。最重要的是，他无须再吃饭、睡觉，永远不会生病，从某种程度上说，他实现了"永生"！

这算不算"灵魂脱离肉体继续存在"的表现呢？

剑桥大学神经科学家汉娜·克里什洛认为，打造一台功能足够强大的电脑"主宰"人类心灵的愿望未来或许可以实现。"也许人们可以生活在机器内部。我认为这是绝对可能的。"实现这一切只需一台强大到足以模拟数以万亿大脑连接的电脑。当然，今天的电脑是无法做到的。在实际操作中，至少还缺少三个重要因素：

第一，我们还无法足够细致地扫描人脑，以便完美再现人脑中的所有"电路"；第二，我们还不了解大脑控制所有神经元的工作原理；第三，我们还没有足够强大的计算能力去运行整个仿真系统，因为人脑的复杂程度比最强的处理器要强大得多。

人类现在还远远达不到上述三项要求中的任何一项。现在的科学家们连一只小虫子的大脑都模仿不了。有一种被称作"秀丽隐杆线虫"的小虫子，它的大脑中有

阿兰·图灵是英国数学家、逻辑学家，被视为计算机科学与人工智能之父。1950年，图灵发表论文，逐条反驳了机器不能思维的论调。他还提出一个假想：即一个人在双方进行隔离，不直接接触对方的情况下，通过一种特殊的方式，比如键盘，和对方进行一系列的问答，如果在相当长时间内，人无法根据这些问题判断对方是人还是计算机，那么，就可以认为这台计算机具有同人一样的智力，即这台计算机是能思维的。这就是著名的"图灵测试"。

302个神经元,相比之下,人脑中有近1000亿个神经元。根据这三个问题所涉及的技术的进度来估算,预计至少要到2070年才能仿真人脑。

但是即便有朝一日我们能够仿真人脑,仿真得到的人脑会跟真正的人脑一样吗?它是否会有自己的意识呢?这些都还是未知数。从某种角度来说,不管仿真人脑是否会有意识,我们知道人脑仿真得到的结果能够拥有人脑的功能就足够了,这已经可以实现"活在机器里"。

那么,活在电脑里的"人"会有什么样的感觉?他们究竟算不算真正的人?

假如人脑真能存在于电脑中,先天的限制决定了这样的"人"有很多不方便的地方。比如,他们很可能再也辨认不了外界的颜色,也听不到真正的声音。因为在电脑程序里,图片的颜色和音乐的音频文件都只是一堆代码而已。最不幸的是,各种食物的美味也基本与他们绝缘了。因为,从来就没有任何程序能够虚拟出食物的香气和味道。

按照科学家们的定义,这样的"人"其实就是一个超级人工智能,只不过它拥有的是某个人特定的记忆和思想。换句话说,这就好像你制造了一台机器人,再把你大脑里的东西放到它的脑子里。它实际上就成了你的一个"替身",但并不是你本人。

至于这样的人工智能可不可以被视为人类,那就是另外一个非常高深的问题了。美国科学家罗素和诺维格在他们的经典名著《人工智能:一种现代方法》中,把目前已有的一些对人工智能的定义分为四类:像人一样思考的系统,像人一样行动的系统,能够理性思考的系统,能够理性行动的系统。

然而,"像人一样思考和行动"不等于"理性地思考和行动"。因为人类的某些行动不完全出于理智。比如平时我们看见了朋友和熟人要打招呼,闲聊时觉得有趣所以"哈哈"大笑,这些都是我们出于感情形成的一些行为习惯。而这些都是人工智能很难模仿的。

人类还有另外一些习性,人工智能就更没法理解了。例如有些人爱吃甜东西,有些人爱吃辣东西。有些人喜欢吃臭豆腐,而同时有些人见了臭豆腐就躲得远远的。有些人喜欢养猫,有些人喜欢养狗,还有些人喜欢养"小强",甚至是有毒的蜘蛛。这些喜好都是没有理由的。要让人工智能来选择这些问题的答案,对它来说比下围棋下赢世界冠军还要难!

还有一个问题:如果一个人上传了自己的大脑,把自己变成了一个电脑程序。那么,当其他人下载这个程序的时候,岂不是就把这个"人"复制成了好几个副本?那这些程序中,哪一个才是真正的"原型"呢?这实在是匪夷所思的情况!

看来,把自己变成"电脑人"的设想,目前来说还像科幻。不过,这是不是意味着应该放弃上传计划呢?当然不是。因为从长远看,这项技术对保存我们的物种还是有利的。比如,一场全球性的灾难让地球变得不再适于生物居住,到那时,"上传大脑"可能是保存人类历史和思想的唯一途径。即使这样保存下来的并不是真正的人类。此外,谁知道将来会不会出现一种更高级的智能生命,成为我们的继承者呢?(文/赵天)

## 脑力大爆炸

人们对事情做出判断大致有两种思维机制,科学家机制和律师机制。前者先给出证据再下结论,而后者则从结论出发寻找证据。每个人在思考时往往喜欢能印证自己观点的东西,也就是先入为主,这便凸显了科学思维的重要。在学习和生活中处理问题时,我们应该尝试多使用科学思维,以事实为依据,这样才不至于得出错误判断,走向错误的方向。

## 开个脑洞

### 是人终会犯错

1994年8月16日,当时世界上最好的国际跳棋棋手和顶级跳棋程序奇努克间的30盘棋,刚刚进行到第6盘(全部和棋)。人类棋手、数学教授廷斯利已经67岁。在45年的职业棋手生涯里,他一共输掉过7盘棋,却从没输过任何一场比赛。可惜这场比赛还没分出胜负,廷斯利就过世了,奇努克勉强被判胜利。几年前两者曾有一战,在一场比赛中,只有唯一的一着能让人类获胜,而廷斯利毫无悬念地选择了这一着,赢了比赛。

跳棋程序奇努克的设计者乔纳森·夏佛感到遗憾,世界上已经没有别的跳棋棋手能够战胜他的创造物,但它最后还是没能赢过有史以来最好的跳棋棋手,你要如何战胜一个死去的人呢?不过,2007年乔纳森·夏佛给出了数学意义上的完美跳棋程序。他证明,机器不可能输给任何人,哪怕对手是同样完美的程序,也只意味着和棋。但他相信没有完美的人类,倘若让棋局无限延伸,人类终会犯下致命的错误。

## 那么皮的机器人为什么就是骑不了车

不管你愿不愿意相信,自行车,这个普及程度最高的交通工具仍然是只属于人类的座驾,机器人至今没能掌握骑车这项技术。这个世界上确实有不少人不会骑车,但如果他们真的愿意学,又没有什么残疾的话,最多学几天也就会了,而且一旦学会了就变成了本能,即使中间有好几年不骑也忘不了。如此"简单"的一项技能,机器人为什么就是学不会呢?

让我们试着用电脑的语言描述一下骑车这个动作。自行车只有两个支点，骑手是依靠身体的轻微摇摆来保持动态平衡的，这就要求他每时每刻都必须监测自身重心的位置，并立刻指挥身体相应部位的肌肉，做出平衡的动作，动作太大太小都不行，必须恰到好处才能保持稳定。

骑车的时候两腿交替使劲，身体重心左右摇摆的幅度更大，需要计算的数据量也就成倍增长。拐弯就更不用说了，车把和身体必须时刻保持同步，否则肯定摔跤。以如今机器人的技术水平，光是对自身重心位置的准确判断就是一个很难实现的功能，更不用说还要指挥身体完成各种微妙的平衡动作了。

也许有人会说，机器人没必要学骑自行车，所以没人愿意投资研制会骑车的机器人。这个解释确实是合理的，但我们可以把上述问题替换成一个等价的问题：机器人为什么连走路都学不会呢？

如今有好几家公司都在研制走路机器人，一个原因是希望能开发出一种救援机器人，代替人类走进灾难现场。另一个原因是想通过这类研究找出人类走路的奥秘，并将原理应用到为残疾人制作假肢的技术上。研究人员很快发现，别看地球人都会走路，但让机器人学会走路实在是太难了！

人们都知道达·芬奇是位画家，实际上达·芬奇也是一位机器人发明家。他在1495年就发明了"列奥纳多机器人"，能站立、坐下、摘掉头盔。几百年来，人类不断改进机器人制造技术，但在各种文化里，对机器人的叫法却五花八门。1920年，捷克作家恰佩克出版了科幻剧作《罗萨姆的全能机器人》。剧作里罗萨姆工厂制造机器人的目的是让它们为人类服务，但后来这些机器人开始反抗人类，并最终将人类消灭。这部科幻剧不但为人类制造机器人提供了很多灵感，也引发了关于人类会不会被自己所制造的机器人毁灭的讨论。《牛津英文字典》里收录的"机器人"一词，就是从捷克语"roboti"的词干"robot"而来的。捷克语中这个词的原意是"苦差事"。

首先，走路的人必须要有一套智能的视觉系统，能够迅速判断路面情况，找到下脚的位置。这在平地上还好说，如果地面不平，甚至有坑或者障碍物的话，走路者就必须立即做出判断，保证自己踩到结实的路面，这一点对于机器人来说可不是一件容易的事情。

其次，走路是一个身体不断向前倾倒而又迅速恢复平衡的动态过程，走路者必须随时调整自己的步幅，以及脚掌和腿部的受力，甚至还要辅以双臂的摇摆才能平稳而又快速地向前走，这一点对于机器人的运动系统设计者来说更是一个巨大的考验。

最后，走路者所有的信息接收、信息处理和信号输出过程都必须在瞬间完成，而且不能占用太多的计算空间，这就更难做到了。想想看，人类完全可以一边走路一边想事情，因为人只需要用小脑就可以指挥身体走路了，大脑完全可以留下来干更重要的事情。

一台走路机器人只有同时满足上述三个条件，而且满足的程度还必须非常高，它才能像健康人那样轻快而又敏捷地向前走。以目前的人工智能和机器人制造技术水平来看，以上三条中的任何一条都很难满足，这就是机器人至今没有学会走路的原因。

同样地，我们必须再追问一句：如今的电脑已经变得如此强大，人造机械设备的各种功能更是把人类甩出了好几条街，为什么如此简单的走路就是学不会呢？对于这个问题，只要我们仔细观察一下自己的身体构造就可以找到答案了。

找面镜子放在面前，镜子中的你简直就是一架天底下最完美的走路机器，世界上最好的设计师都不可能设计得更好了。想想看，我们的足弓、脚趾、膝盖和髋关节全都长得恰到好处，两条腿的肌肉、骨骼和肌腱也全都是为了走路而生的，每个部位都配合得天衣无缝,而且这种配合几乎是天生的,只需要经过简单的学习就可以完全掌握走路技巧。

为什么会这样呢?答案很简单:这就是进化的力量。我们人类和其他动植物一样,都是亿万年进化的产物。生物进化是一个通过不断试错来改进自身的完美机制,我们的身体正是经过了这一漫长的过程才终于适应了陆地生活方式,而走路正是陆上生活所需要的最重要的能力之一,对于"完美性"的要求是极高的。正因为走路如此重要,生物进化干脆把它固化在了我们的基因组当中。刚出生的人类婴儿虽然不会走路,但走路所需要的硬件条件一应俱全,只要家长稍加帮助,再经过一段时间的练习,任何健康婴儿都很容易掌握这一功能。相比之下,机器人没有经过进化这一步,无论如何也比不过我们。

另一个案例就是语言的学习。语言对于人类来说几乎和走路一样重要,因此学习语言的能力也被固化在了大脑之中。这个能力在婴儿出生后的头几年里最强,之后逐年退化,这就是小孩子学语言要比成年人快得多的原因。科学家们尚不清楚这个能力到底是怎么一回事,所以至今尚未在电脑中成功地模仿出这种能力。人工智能为什么连简单会话都很难掌握,原因就在这里。

总之,机器人学不会开汽车是因为学习的时间不够,学不会走路或者骑自行车则是因为没有经过进化的洗礼。这两件事都是人类独有的经历,我们就是依靠这个打败机器人的。

必须指出,人类虽然造不出走路机器人,却造出了比跑步还快的运输机器,比如汽车。但汽车采用的是和走路完全不同的另一套方法,没有了进化的帮忙,机器立刻就把人打败了。仅凭这一点就可以说明大自然进化出来的人脑具备创造新事物的能力,"人定胜天"这个口号是有一定道理的。

另一个类似的案例就是飞机，最早造出飞机的人并没有模仿鸟儿，而是设计了一种全新的升空模式。今天的飞机无论是飞行速度还是高度都远超世界上最好的鸟，人类的智慧在这一点上再次打败了大自然。

从这个角度也可以解释为什么开飞机对于人工智能来说要容易得多，因为飞机是一种全新的交通工具，人类在陆地上进化出来的各种生活经验在飞机上完全不适用，于是机器人便很容易地打败了人类。相比之下，无论自行车还是汽车都是在陆地上工作的，这是人类最熟悉的场景，无论是生活和学习的时间还是漫长的生物进化都赋予了人类应对这类场景的强大能力，目前的人工智能在这方面还远不是人类的对手。（文／袁越）

## 脑力大爆炸

人所具备的智力有时仅够自己认识到，在自然面前我们的智力是何等欠缺。在学习和工作中，如果这种谦卑精神能为我们所秉持，那么人类活动的世界或许就会更具吸引力。以历史百万年沉淀下来的知识为舟，我们才能驶向更加美好的未来。

边沁是英国著名哲学家，300多年前他就认为，"追求整个社会群体的最大幸福和快乐"是人类的最高道德准则，也是最高的善恶标准。边沁21岁时就拟定遗嘱，要求死后捐献遗体，供医学研究，让自己的生命以"最有用"的方式终结。在死前的最后一份遗嘱中，边沁要求将尸体交给自己的朋友处理。最终，他的遗骸经过处理，着黑色礼服，持手杖，从1850年起便被放置在伦敦大学学院展览。

即使欧洲早在中世纪就有解剖与研究人体的传统，但边沁的做法仍十分新潮。伦敦大学学院是在边沁思想的启发下建立的，学院曾办过一场名为"何以为人"的展览，边沁的脑袋是其中最重要的展品。科研团队从边沁的脑袋上提取了DNA，想弄清边沁这种行为艺术般的想法，是否真的因为患有自闭症而产生的。不管真相如何，边沁用自己的特立独行，为他对生命真相的解答加上了一个惊世骇俗的感叹号。

# 学习变游戏，头号玩家会是谁

"这玩意儿有什么好玩的？"如果你儿时曾沉迷于电子游戏，不知是否曾听过父母类似的责问。这句父母出于愤怒的无心之语，其实点出了一个多数人不曾注意、实则很深刻的问题。

《快乐之道：游戏设计的黄金法则》一书的作者拉夫·科斯特（Raph Koster）曾很深刻地解释过这个问题。在他看来，游戏之所以引人入胜，并不是因为它是一种与现实完全不同的东西，事实上恰恰相反，人们在游戏中进行的活动与在现实生活中是高度重合的。"人们在游戏中完成的，也无非是学习和工作。"

在学习方面，很多老玩家想必对一款名为《大航海时代》的游戏记忆犹新——这个游戏帮助他们搞定了多少节地理课都没办法学进去的一系列地理知识，在《大航海时代》里所花费的日日夜夜，竟然可以转化成实际的地理考试分数。

而在工作上，如果将工作定义为一种通过大量重复的脑力或体力劳动来获得回报的行为的话，那么，MMORPG（网络角色扮演类游戏）中必备的日常任务和对同一个副本的反复"刷怪"，也许应该是这个世界上最简单重复的工作之一。

那么问题来了，既然同样是学习和工作，为什么那些在现实中表现倦怠的人们到了游戏中却生龙活虎呢？未来学家简·麦戈尼格尔在她的著作《游戏改变世界》中总结出了一系列游戏有别于现实生活的要素：

首先是即时的反馈。在游戏里，玩家做出操作都会得到即时的视觉或者数据上的反馈，比如在游戏《俄罗斯方块》中，当一行方块被凑齐后会立刻消失，让玩家获得即时的成就感，这种快感在现实中是难以获得的。

其次是系统多样化，目标渐进。好的游戏将大目标分解成很多小目标，并且使用多种多样的系统，不断地去完成这些目标，从而让玩家获得成就感。与之相反，

赫伯特·斯宾塞是英国著名教育家。他一生声名显赫，还被提名为诺贝尔文学奖候选人。斯宾塞主张让孩子"成为他自己"。在家乡的小镇上，他用游戏等方式推行"快乐教育"，精心培养、教育着自己堂兄的儿子小斯宾塞和一些别的孩子。在这种"快乐教育"的氛围下，小斯宾塞14岁就被英国剑桥大学录取，而且其他在斯宾塞教导下成长起来的孩子也都成了各领域的精英。

西方教育界认为"美国百年来积累的人才优势，就在于几乎完全采纳了斯宾塞的教育思想"。当学习和工作变成游戏，或人类以游戏的方式工作和学习，也许效果将是另一番景象。

很多现实中的工作虽然难度不及一些大型游戏，却缺乏这种循序渐进的过程——老板总是直接丢给你一项大任务，让你无从下手。

再次是内在激励。设置恰到好处的困难，让玩家去克服。玩家获得了对自己能力的认可，就会产生成就感，并且想要重复。但在现实中，老师或老板很难贴心地给学生或员工分配对他们来说难度恰到好处的任务。

最后是协作与献身。玩家与其他人合作完成一项任务，达成一项成就，就可以获得一种与人的情感联系——这种感觉在现代社会里也是很难达到的，在多数情况下，你与一起工作的人全程无交流，也较少在协作团队中建立荣誉体系。

麦戈尼格尔在比较了这些区别后认为，游戏使人沉迷，并非因为它构建的幻想世界有多么绚丽多彩（事实上，很多"模拟现实游戏"都反而力求逼真地还原现实世界），而是因为它的奖惩构建机制比现实中的工作和学习更为合理。

于是，我们就触及了一个更为深层的问题：虚拟世界的游戏为何反而比现实中的工作和生活更符合我们的心理呢？生物学者有句玩笑话："人类是唯一对捕食行为感到厌烦的。"的确，我们可以想见，对于一头非洲草原上的狮子来说，狩猎不仅是它赖以谋生的"工作"，也是它嵌入本能中的娱乐活动——在幼狮时代，模拟捕食猎物就是小狮子们乐此不疲的游戏。

然而，这个道理在人类这里却不适用，除了极少数工作狂或学霸，很少有人把上班或上学当作娱乐。学者们指出，这种现象之所以出现，是因为人类在迈入文明社会后，为了追求效率而进行分工，从而割裂了"即时奖励"系统。

试想一下，在远古时代，一个猎人或采集者每天的工作是打猎或采集，当每获得一份猎物或浆果时，他会立刻获得成就感，并当作回去后的晚餐，这种方式类似于游戏中的"即时奖励"。但是当人类经历农业革命和工业革命，这种"即时奖

励"不复存在了,你所从事的工作和学习只是人类漫长协作体系中的一环,因而你很难说服自己乐在其中。

那么,能否让工作和学习重新变得有趣呢?很幸运,"游戏化"理论的蓬勃发展让我们看到了希望。从理论上来说,游戏化就是运用游戏元素和数字游戏设计技巧,应用于现实中非游戏的场景,来解决教育、商业、社会影响等一系列问题。

在西方,游戏化的概念兴起是和游戏研究同步发展起来的,有一部分成果已经开始在商业中应用,比如最为中国人熟知的手机上的运动应用程序。健身原本是一项枯燥的活动,手机上绝大多数的运动应用都引进了游戏化的设计思路,即提供反馈、提供成就感、提供激励以及与他人互动(竞赛),按照游戏化的理论,在运动中获得点数、成就系统、等级。

这样的激励并不足以完全调动人的积极性,三分钟热度退却之后放弃的用户大有人在。于是带有更多激励的此类应用出现了,一款运动游戏《有僵尸!快跑》风靡英美。在这个游戏里,玩家被投到一个虚拟的僵尸横行的世界。游戏会自动计算玩家的跑步距离,来给游戏里玩家的基地提供各种各样的补给点数。一旦用户认同这样的沉浸感,那么跑步本身就变成了游戏的一部分,玩家就会更加积极地做这些事情。

当然,"游戏化"的最终目的,是如何将所有教育、工作都变成游戏。美国前总统奥巴马曾拨款给美国教育部,让后者研究能否把美国的中小学课本游戏化,一些较为微小的项目已经获得了突破。

在教育方面,NASA(美国航空航天局)在游戏化教学的探索上走得非常远。他们推出了一款教育游戏《月球基地阿尔法》(*Moonbase Alpha*),游戏里玩家化身为宇航员在月球基地上完成任务。游戏做得非常逼真,玩家玩过之后就对真实的太空任务和月球基地有了比较深入的了解。

工作方面，微软目前已开始尝试在公司内部推动工作游戏化改革，第一步是用"工作任意小时制"替代传统的打卡签到制。员工每完成一定的工作量就会获得一种类似游戏中"点数"的绩效，出色完成某项任务还可以获得"经验值"，"点数"的多少将决定员工的收入，而积累满一定"经验值"则将获得升迁。这些变动都以可视化的方式传送到员工手机的应用软件上，让工作看起来更像一场游戏。

在未来，成熟的技术会让工作和学习变得更像游戏，而游戏业的蓬勃发展也将给"游戏化"运动提供更多的经验。也许有一天，我们能够回归本源，再次像远古时代那样，"沉迷"于现实的工作和学习中无法自拔。（文／王昱）

**脑力大爆炸**

趣味可以说是人类活动的源泉。没有趣味，人类的很多创造活动便都会跟着停止。其实，会玩也是一种能力，人生若到玩的能力都丧失的话，生活该有多么枯燥。未来，人们的学习和工作方式必然会发生巨大变化，会玩或许将成核心竞争力。

## 开个脑洞

**才华也是上天的一种惩罚**

三宅一生被认为是日本最有才华的设计师之一。1973年，35岁的三宅一生第一次参加巴黎时装展，从此成为标志性人物。令人惊讶的是，从此以后，他每年都会去巴黎参加两次发布会，40多年从未中断。在三宅一生看来，一年举办两次发布会，就好像是定期去医院做全身检查。"每年两次，我都要证明我的创造力，证明我还立在当下。"记者问年暮的三宅一生："你这辈子做了什么事？"答："裁了一块布。"

才华在一个人的成功中究竟占多少比重？在著名财经作家吴晓波看来，这个世界上最不可靠的能力便是才华："才华会让一个人变得缺乏韧劲，不愿做艰苦而持续的投入。一个人在智力上的优越感，会让他觉得自己是'天之骄子'，所有的获得都是理所应得……我目睹了无数被才华毁坏的人生，他们才情横溢、智商绝高，在寻常人中随便一站，便会发出光来，但在时间的煎熬下，光芒日渐暗淡，终归于芸芸众生。"

## 新想法的渊源时常"旧"

第一辆电动汽车出现于1837年，是英国一位化学家制造的。

在19世纪末，伦敦街头有许多电动出租车，因为发动机发出的声音特别而被称为"蜂鸟"。伦敦警方觉得它们有助于缓解交通拥堵，因为跟马车相比，它们占据的路面要少一半。类似的出租车也出现在巴黎、柏林和纽约。

19世纪末20世纪初，在美国注册的电动汽车有3万多辆，比汽车还要多，它们噪声低、无污染。20世纪看上去将是电动汽车的世纪,但十几年之后,这种汽车的生产逐渐放慢,后来竟然停产了。

伦敦由马车夫发起了一场运动,说电动出租车经常出故障、引发事故。这导致电动出租车公司停业。与此同时,丰富的石油储藏被发现,油价大幅下降,亨利·福特开始销售价格只有电动汽车一半的汽车。美国建造了许多优质公路,长途旅行受到鼓励,而电动汽车跑不了长途。

所以,在20世纪,内燃机汽车赢得了胜利。

但2008年,特斯拉公司推出了充一次电可以跑300多千米的电动汽车,后来又推出了Modle S,据说取这个名字是因为亨利·福特造了T型车,就像S在字母表里位于T之前,电动汽车也早于内燃机汽车。

英国记者史蒂文·普尔在《重新思考》一书中说:"电动汽车并不是一个新的创意。"他用这个例子来说明,人类的认识并不是逐渐积累的,不是从无知向知识积累的平稳过渡。它比这更加令人兴奋:"就像一列行程布满圆圈和急转弯的疯狂的过山车。我们总以为过去没有现在高明,但过去不仅有混乱和错误,也有一直没

爱因斯坦曾说"想象力比知识更重要",很多人记住了这句话,以至一旦有新的发明创造出现,便会被说成是"自由想象"的结果,这其实是一种误解。实际上,有意义的想象从来不是天马行空的胡思乱想,而是通过知识的积累,历史的纵观,步步为营精心计算和设计出来的。所以,最高级的想象力是不自由的。正是因为不自由,其难度才更大。

真正的科学家远比"想象家"更有想象力。一个理论物理学家可能每天都有无数个怪异的想法,但真正困难的不是产生"怪异"的想法,而是产生"对"的想法。作为20世纪最著名的物理学家之一,波尔的一段话很有道理:"你的理论的疯狂是不争的事实,但令我们意见不一的关键是,它是否疯狂到有正确的可能。"

受到赏识的真理。"

普尔解释了"重新思考"的意思:"再次思考某个想法,或者改变你对它的看法。"他写道:"我们会忍不住以为,新的环境需要新的想法。但有时新的环境也会给旧的想法开启新的空间,旧的想法可能最管用。吊诡的是,对新环境的最佳应对措施是回到旧的思考方式。"

比如,在21世纪初,在阿富汗作战的美军除了使用各种先进的装备,还要重启一种已经蛰伏了100年的传统——他们要在马背上打仗。2001年10月,阿富汗战争爆发时,美军的直升机上除了其他物资,还携带了十几袋喂马的饲料。在阿富汗,美国部队要进入阵地,有时骑马是最好的甚至是唯一的办法。为此,美军不得不给士兵上一堂骑马技术的速成课。比如告诉他们,如果从马上摔下来时有一只脚卡在了马镫里,他们就要开枪把马打死,以免自己在遍布岩石的地面上被马拖死。

普尔对再次得势的旧想法做了分类:有的是本该死掉但没有死掉的,他称为"僵尸想法";有的是会带来好主意的坏主意,他称为"垫脚石"。他还举了两个有趣的例子:《孙子兵法》里大部分论述都是关于如何利用地形的,大部分对现代战争都不是特别有用。但在20世纪50年代,特殊战线上的人对它产生了强烈的兴趣。20世纪80年代,西方出现了孙子文化的复兴,这可能是因为那时的人热衷于赞美和鼓励个人的狡黠。银行家、管理学家、商人、体育教练都狂热地学习《孙子兵法》。

2014年,联合国组织了一场国际会议,讨论倡议人们靠吃虫子来拯救世界的问题。其实早在1885年,就有一个叫维克多·霍尔特的英国人写了一本宣传册,叫

《干吗不吃虫子》。他说:"虫子都吃素,干净、可口、卫生。我相信在发现它们的益处之后,有朝一日我们会高兴地烹饪、食用它们。"

对于不愿接受某个想法的人,他们总能找到理由。19世纪的心理学家威廉·詹姆士曾经这样描述一种想法被接受的过程:"当一种东西很新的时候,人们说,它不是真的。后来,当它的真实性变得很明显时,他们说,它不重要。最后,当它的重要性不可否认时,他们说,不管怎样,它不是新的。"

许多旧的想法随着时移世易,其价值会被重新发现,这提醒我们,对各种想法都要保持宽容,不能轻易否定它们。如法国人所说:"如果先往后退,你就能跳得更远。"前进的最佳方式是后退,最好的新想法往往是旧的。(文/薛巍)

## 脑力大爆炸

创新便需要创新思维,而创新思维有如下几个特点:1.联想性,能将表面看来互不相干的事物联系起来,从而达到创新的界域;2.求异性,要求关注客观事物的不同性与特殊性;3.发散性,主张张开思维之网,冲破一切禁锢,尽力接受更多的信息;4.逆向性,要有意识地从常规思维的反方向去思考问题;5.综合性,最好能将事物各个侧面、部分和属性统一为整体,从而把握事物的本质和规律。善于思维,是创新的重要前提之一。

如果评选世界设计史上最有名的金句,"Less is More"(少即是多)可能会排第一。现代建筑大师密斯·凡·德罗说的这句话影响了几代设计师,改变了世界建筑的面貌,进而改变了世界城市的面貌。它甚至成为普罗大众都耳熟能详的经典,被赋予丰富的含义,甚至上升到人生哲学层面,被无数人奉为人生信条。

苹果公司创始人乔布斯和"脸谱网"创始人扎克伯格,都是这一"极简原则"的信奉者。乔布斯多年如一日身穿日本设计师三宅一生给他设计的黑色套头衫,不用浪费多余的时间在选择衣服上;扎克伯格则常年穿着灰色T恤和牛仔裤,"我不想把时间浪费在那些无意义的事情上,在生活中,我总是尽量简单一些,少做选择"。

Less不是单调,而是简洁,意味着明确的目标,意味着把有限的精力集中在最重要的事情上;More不是繁复,而是丰富。Less is More意味着高效,意味着专注,意味着自由和创造。

## 让大脑和身体跟上节奏"轻起来"

"2020年,在太空舱白得刺眼的房间中醒来。连上无线网,在订餐软件上买一份免冲代餐加榛果巧克力调味包,戴上虚拟现实眼镜,选择巨幕模式看个4K、3D、120帧的最新电影。裤袋里的手机振动,摘下眼镜拉开舱门,一瓶包装简单的代餐递到你面前——营养均衡、食用方便,你甚至可以在舱内躺着吃完,不用担心弄脏床单。"在《还要多久，吃和住将从人类欲望中彻底消失》的文章中，自称"关心科技前沿的"作者高小山这样描述"最小化生活"的未来。

事实上，高小山此前进行了为期两个月的"禁食实验"——每天以代餐粉这种"未来食物"度日。除了身体上的变化，体重从70千克降到63千克，另外，他对食物的感受性空前增强，甚至能分辨不同咖啡豆味道的差别。更明显的变化则体现在社交方面：退出了同事们的点餐群，推掉所有饭局，害怕见到家人和朋友，变得更宅。

体验过戒断食欲之后，高小山将他的人类欲望"田野调查"延伸到胶囊旅馆上。在他看来，代餐粉和胶囊旅馆这两个具有未来感的概念，似乎能合成一种有趣的极简生活方式。"或许在未来，有些人并非被迫，而是自愿走进冬眠仓，自愿食用代替食物的合成粉末。总之，我希望将自己的生活内容压缩到最小。"

关于"最小化生活"，你想到了什么？对，这是一种"断舍离"，一种新型的"不持有的生活"，核心就是抛弃物欲、减少生活成本。就像法国哲学家吉勒·利波维茨基所定义的那样，"卸除那些压在我们存在之上的多余重量"，也就是让自己变轻。

吉勒·利波维茨基甚至认为，"轻"作为一种价值、一种理想和一种迫切的需要，不再局限于个人对待生活和他者的态度，俨然成为全球经济、文化的运作模式，以及我们这个时代的重要表现之一。

吉勒·利波维茨基还提到一种新型的生活方式——游牧式生存。英国《观察家》杂志上的一篇署名为"赤脚医生"的文章，描述了这位学者提到的游牧式生活的姿态："你迅速向前移动，绝不要抵制潮流，绝不要长时间停下来让自己变得迟钝，或者抱着河岸或岩石——你生活里遇到的财富、地位或者人——不动，甚至对你自己的意见或世界观,也不要试图抱着不放,你需要做的,只是与你人生历程中出现的一切事物进行一次蜻蜓点水却又灵光闪现的接触,然后优雅地放开手,任它飘然而去……""轻捷和优雅,随自由一起到来——流动的自由、选择的自由、弃旧貌的自由、换新颜的自由。"一位持同样观点的社会学者补充道。

如此说来,"飘一代"更像是"轻生活"的引领者。"飘一代"对物质的态度是"轻"的——只租房不买房,只打的不买车;他们对金钱的态度也是"轻"的——懒得存钱,理由是,不用养家,不用供楼。"飘一代"对爱情的态度是"轻爱情"——爱过很多次,但从不为谁要死要活;他们的婚姻(如果有的话)是"轻婚姻"——悄悄结婚,绝不举行盛大的婚礼;他们的人际关系是"轻社交"——不对别人嘘寒问暖,也不喜欢被人嘘寒问暖,生病时愿意一个人,伤心时也愿意一个人,因为空间比温情更重要。

而在怎样摆脱铺天盖地的物质主义负担上,日本人显然更有心得。对于日本年轻人沉迷的"小确幸",上一辈的反应是恨铁不成钢:日本著名管理学家大前研一写有《低欲望社会》一书,他认为现在的年青一代不愿意背负风险,不买房、不结婚、不生孩子,丧失了物欲和成功欲,是"胸无大志"的一代;作家林真理子写有

人们为什么会乱丢垃圾?三个选项:A.人们的素质太低;B.地球的万有引力大;C.垃圾箱的魅力不够。我们的直觉是B和C太扯了,当然是A了,人们的素质太低。但英国一个组织选了C,垃圾箱的魅力不够。他们的理由很简单:如果选A,人们的素质太低了,那解决这个问题就要改变成千上万的人,根本办不到。如果选C,只改变为数不多的垃圾箱就可以了,非常容易着手去做一些具体事。站在做事的人的角度,这才是正确的逻辑。这个题目的三个答案,其实是三种人看待世界的角度。袖手旁观的评论家,选A,一切都是别人的错;没有人文精神的人选B,一切都是客观规律;做事的人选C,他们总能找到一个改变世界的起点,马上去做。

《野心的建议》,以自己从没钱、没颜值的小胖妹逆袭为畅销书作家的亲身经历,给年轻人打鸡血——"只想维持现状,是一种没有说出口的不幸"。

《华尔街日报》的报道这样描述他们:"他们不认可父辈的消费主义,觉得那无异于挥霍浪费。有些人住在'团体家屋'里,和室友共享一室(日本新兴现象),吃3美元(约合人民币20元)的牛肉饭。要说他们肯在哪方面花钱,那就是旅行。在一个通货紧缩的社会里,你买的所有东西都可能贬值,但经历不会。"

不需要别人认可,只需要自己认可自己——这是日本年青一代的普遍心态,也是越来越多年轻人的心态。从"飘一代"到"轻一代",有一个特性贯穿始终,那就是对"飞"的向往——只有摆脱物质的负累,才能实现身体和精神之轻。

所以,像高小山那样一本正经地讨论人类的欲望,并从基本的吃住两方面入手研究,是有价值的。比如房子。是否人人都得有一套房子?在"飘一代"看来这是不需要讨论的,但现在的多数年轻人则不然。

日本建筑师黑川纪章于20世纪70年代设计的东京中银胶囊大楼,是现代建筑史上首座真正以胶囊般的建筑模块构成的建筑。黑川纪章与运输集装箱生产厂家合作,在工厂预制建筑部件,并在现场组建。所有的家具和设备都单元化,集纳在约7平方米的一个个独立单位里——也就是一个个"盒子"。按照黑川纪章的最初构想,每25年"盒子"(或曰太空舱、胶囊)就应该替换一次。但事实上,自1972年建成以来,这幢大楼从来没有替换过"盒子"。

一位摄影师拍下了一组照片,让我们得以一窥"盒子"里的细节:有些"盒子"还保留着预装的柜体(还有嵌在柜子里的电视机);有些"盒子"则用沙发代替床,于是有了工作台的空间,甚至摆得下一把舒服的靠背椅。

这种单元格式、将住宿最小化的方式,如今正通过胶囊旅馆或共享睡眠舱的形式逐渐扩展。"总有这么一批人，不需要宽敞的寓所、真皮沙发和全景飘窗，懒得再思考床单和被罩买什么花色，墙上该挂个壁毯还是加个橱柜。只要你没有幽闭恐惧症，一间干净、卫生、水电网齐全的'胶囊'，就可以满足你最简单的住宿需求。"高小山写道。

当你舍弃了对于物质的执念之后，你将获得的可能是更多的自由。比如，用代餐食物满足基本营养，而把剩下的时间和胃口留给真正的美食；比如，住进"胶囊"之后，你会改掉买买买的习惯，因为放不下；还有一个好处是，你可以说走就走了。

"最小化，并不意味着生活质量的降低，而是在摒弃物欲之后，拥抱更加纯粹的自我。"高小山相信，乐于选择极简生活的人将越来越多。（文／谭山山）

## 脑力大爆炸

与追求更多相比，拥有更少，或能为我们带来更多的喜悦。在这个不断诱导我们囤积更多物品的世界上，我们经常会对此视而不见。实际上，奉行极简原则能使我们有能力抗衡失控的生活，获得更多的时间、更多的金钱、更多的慷慨、更多的自由、更多的创造，以及更少的压力、更少的焦虑。

### 在美国最有名的中国古代诗人

"时人见寒山,各谓是风颠。貌不起人目,身唯布裘缠……"寒山,这位貌不起眼、衣不惊人,以疯癫闻名于世的诗人,在唐代诗人中的地位不高,却在美国拥有众多崇拜者。他的诗以及他的狂禅式生活态度,甚至引起许多美国著名诗人的仰慕与仿效。论在美国影响最大的中国古代诗人,并非李白杜甫,却是寒山和他的好友拾得。

美国著名诗人加利·斯奈德,在垮掉派运动激战美国的关键时刻彻夜翻译寒山的诗,同时身体力行,以寒山的生活观为楷模,住在美国西部的森林里,遥望明月,攀登山岩,渴饮清泉,他一直以寒山的目光在美国歌唱。

据说,披头士乐队1967年的名曲《山上的愚人》描写的就是寒山:没有人理睬他/人们说他傻了/他却从不回答/山上的愚人/看那夕阳西下/心中的眼睛/看见宇宙的回旋……"或逆或顺,自乐其性"的寒山,生前并不得意,但谁能想到他居然在美国文化思潮中扮演了如此重要的角色。

# 为谋生该不该做不喜欢的事

在昔曾远游,直至东海隅。道路迥且长,风波阻中途。此行谁使然?似为饥所驱。倾身营一饱,少许便有馀。恐此非名计,息驾归闲居。

在这首诗里,陶渊明说,当初为了一家有饭吃有衣穿,我大老远地去做官,没想到官场的险恶超出我的想象;算了,当初我的目的不过是谋生,谋生不过是混个温饱,何必为温饱耗费那么大的心神,尤其还要牺牲自己内心的原则。

陶渊明写这首诗时,一定是想到了庄子的一句话:"鹪鹩巢于深林,不过一枝;偃鼠饮河,不过满腹。"庄子讲的是尧帝去山里寻找著名隐士许由,要把天下让给他,没想到许由立马拒绝了,并说:"小鸟在树林里筑巢,只用一根树枝;鼹鼠在河里喝水,只不过满腹。还是把天下留给你自己吧!我要天下有什么用?"许由的意思是人的所需其实很有限。如果我们满足于有限的所需,就可以做自己喜欢的事,自得其乐,不受别人的牵制。

20世纪的画家杜尚有过同样的意思:"我很幸运,基本上没有为糊口而工作过。从某个时候起,我就认识到,一个人的生活不必承担太重,做太多的事,不必一定要有妻子、孩子、房子、汽车……这是我生活的主要原则。我过得很幸福,没有生过什么大病,没有忧郁症,没有神经衰弱……我是生而无憾的。"

许由一个人,在颍水边的茅棚里度过了快乐的一生。杜尚一个人,在纽约、巴黎这样的大都会度过了快乐的一生,喜欢下棋的时候就下棋,喜欢画画的时候就画画,喜欢什么都不做的时候就什么都不做。

如果人们愿意克制自己的欲望,那么完全可以像许由和杜尚一样,做自己想做的事,自由地度过一生。可是很多人满怀理想,却总不能付诸行动,总是在自己不

1845年,美国作家梭罗从哈佛大学毕业后来到偏僻的瓦尔登湖,自己动手盖起了一间小木屋,耕地种菜,砍柴钓鱼。他把所见所闻和亲身感受写成了《瓦尔登湖》一书。在书里,梭罗并没有因物质匮乏而窘迫;相反,正是由于他舍弃了一切身外之物,才有精力潜心研究自然、探索人生,书中洋溢着一种淡泊、宁静之美。著名画家丰子恺曾说:"这个世界不是有钱人的世界,也不是无钱人的世界,它是有心人的世界。"

喜欢的事情里彷徨、挣扎，原因是"为了谋生"。

谋生成了很多人苟且度日的借口。其实哪里为了谋生，都是为了欲望——既要理想和自由，又不愿意付出代价。说得直白些，还是贪婪，什么都想要，什么都不想放弃。于是，一辈子都在泥潭里挣扎。

唐代诗人寒山说："总为求衣食，令心生烦恼。"他的意思不是说不需要去求衣食，而是说，如果谋生的过程总是烦恼丛生，甚至损害了自己的本性，那么，就算得到了金钱，又有什么意思呢？

谋生的事伤害了自己的本性，那就应该停止。但如何解决生活的问题呢？陶渊明的答案是节制自己的欲望，过清贫却自由的生活。所以，回到这样一个问题——我们该不该为了谋生去做自己不喜欢的事？如果以陶渊明的例子，那么，回答肯定是不应该。

陶渊明辞官归田，是因为做官越过了他做人的原则。但是，很多事情，比如，在商店做一个店员，陪亲戚去游览景点，加班写一个文案等，可能我们只是厌倦、不喜欢，但并不会违背我们做人的原则，为了谋生，为了人情，很多时候我们不得不做，做了也无伤大雅。

这个问题换一种问法会更清晰——我们能不能把自己的爱好变成谋生的手段？如果以陶渊明为例，回答是不能。陶渊明的爱好无疑是读书、写诗、喝酒，但这三件事在他那个年代都不足以养家糊口，所以，他只好选择种地，做农夫。

从他的诗里，我们并不认为他发自内心地喜欢这种工作。但是，相比于当官，种地只是不喜欢而已，并不会违背做人的原则。所以，他就把这件不喜欢的事做出了乐趣和诗意。

这有点像英国19世纪的作家查尔斯·兰姆，他酷爱写随笔，但靠稿费难以养家糊口。他十几岁就开始做职员，一直做了三十三年。晚年他在《退休者》一文的开篇说："如果你命中注定，将一生的黄金岁月，即光辉的岁月，全部消磨在一个沉闷的写字间内；而且，这种牢房似的生涯从你壮盛之时一直要拖到白发苍苍的迟暮之年，既无开释，也无缓免之望……你才能体会到我现在获得解脱的心情。"

但兰姆并没有放弃写作。恰恰他在业余的写作，将他从沉闷的工作压力下解放了出来。如果兰姆和陶渊明活在今天，以他们的写作才华，大约都能通过自己的爱好养活自己和家人。这确实是世俗生活的最高境界，爱好即是工作。今天这个时代、市场经济、传播技术为每个人提供了无限的可能，每个人都可能从自己的爱好里找到谋生之道。

当然，也有年轻朋友说，问题是我没有什么爱好。那只能说，这位朋友唯一要学习的是喜欢自己正在做的事。你正在做的事，就是你的爱好。另有一个年轻朋友说，我喜欢运动，但实在没法从中找到赚钱的门道，只得找一个公司去上班。那只能说，这位朋友唯一要做的，是找一个不讨厌的工作维持生活，同时一辈子坚持自己的爱好。说不定，在不断坚持的过程中，突然有一天，爱好开花结果，解决了谋生的问题，你就再也不用回那个公司上班了。（文／费勇）

## 脑力大爆炸

人不必一生致力于占有更多的财富或商品。热爱一片田野、一株植物或一处风景，我们不必支付昂贵的费用。追逐值得追逐的东西，而非大家都在追逐的东西，欣赏值得自己欣赏的事物，而非大家都在欣赏的事物，往往是安静者独有的面貌。

年轻不是一段时光,而是一种心态

塞缪尔·厄尔曼是德裔美国人,一位参加过南北战争的五金制品商人。他曾写下一篇短文,首次发表即引起轰动,成千上万的美国读者把它抄下来当作座右铭。据说麦克阿瑟指挥整个太平洋战争期间,办公桌上就始终摆着装有这篇短文复印件的镜框。

在这篇名为《年轻》的文章中,塞缪尔·厄尔曼写道:

年轻,并非人生旅程的一段时光,也并非粉颊红唇和体魄的矫健。它是心灵中的一种状态,是头脑中的一个意念,是理性思维中的创造潜力,是情感活动中的一股勃勃生气,是人生春色深处的一缕东风。年轻,意味着甘愿放弃温馨浪漫的爱情闯荡生活,意味着超越羞涩、怯懦和欲望的胆识与气质。而60岁的人可能比20岁的人更多地拥有这种胆识与气质。没有人仅仅因为时光的流逝而变得衰老,只是随着理想的破灭,人类才出现了老人。

# 世界属于年轻人

1975年,比尔·盖茨和保罗·艾伦创办了微软公司,盖茨担任微软公司董事长、首席执行官和首席软件设计师。这一年,盖茨20岁。一年以后,也就是1976年,另一个21岁的年轻人和他的朋友开始在一间车库里倒腾,他的名字叫史蒂夫·乔布斯,这家在车库成立的苹果公司日后成为一代传奇。

1998年,25岁的拉里·佩奇和谢尔盖·布林在加州门罗帕克市圣玛格丽塔大街232号的56平方米车库中创立了谷歌公司，今天谷歌的市值是7000多亿美元。2004年，还在哈佛大学主修计算机和心理学的二年级学生扎克伯格突发奇想，要建立一个网站作为哈佛大学学生交流的平台。这一年扎克伯格20岁，他建立的这个网站名为"脸谱网"。

爱因斯坦曾经针对人的创造力发表过如下评论：凡30岁前尚未做出重大科学发现者，终生将不能成为大发明家。这话虽然有失公允，但也有部分道理，爱因斯坦本人在26岁就发表了相对论；达尔文不到30岁即形成关于物种起源的概念；牛顿描述重力之际才24岁；图灵在25岁就提出后来成为电脑的"图灵机"原理；纳什虽然是在66岁才获得诺贝尔经济学奖，事实上他在21岁就写下了论文，完整提出了"纳什均衡"的概念。

有研究发现，科学家做出重大贡献的最佳年龄区在25岁至45岁，16世纪杰出科学家的成名年龄、最佳峰值年龄分别为22岁、25岁，20世纪杰出科学家的成名年龄、最佳峰值年龄分别为33岁、37岁，年龄的增加是因为随着知识的增长所造成的科学发现的困难程度的增加。我们通常总说：姜越老越辣，为何重大的创新和伟大的创业，往往都在人们年轻的时候就完成了呢？

2005年，苹果公司创始人乔布斯在斯坦福大学为毕业生做毕业演讲，总结了自己人生中的经验教训。他在演讲中提到一份自己十分喜欢的刊物。那份刊物最后一期的封底上是一幅一个爱冒险的人等在那儿搭便车的乡间小路的画面，照片下面写道："Stay Hungry. Stay Foolish."乔布斯说这是他一直想做到的，自然也是对年轻毕业生们的忠告。这句打动乔布斯而后来广为人知的话，有人翻译为：虚怀若谷，求知若渴。

我们人类的智力可以分成"流体智力"和"晶体智力"。所谓流体智力是指一个人生来就能进行智力活动的能力，即学习和解决问题的能力，它依赖于先天的禀赋，随神经系统的成熟而提高，如知觉速度、机械记忆等能力，不受教育与文化影响。而晶体智力是通过掌握社会文化经验而获得的智力，如词汇概念、言语理解、常识等记忆储存信息的能力，它一直保持相对稳定。

流体智力的峰值在20岁左右，然后持续缓慢下降，大约每年下降一个百分点。而晶体智力则不同，随着年龄的增加，晶体智力会上升，所以老年人阅历丰富，往往比年轻人睿智得多，日益丰富的阅历在很大程度上弥补了流体智力的下降。

和流体智力、晶体智力相对应，人类的创新发明也分为创意型创新和积累型创新，创意型创新峰值在青年时，而积累型创新峰值在中老年期，这和流体智力、晶体智力的不同巅峰时期刚好吻合。所以在需要突破性创新思维的领域，比如数学、物理、计算机领域、年轻的研究者往往能获得最大的成功。

除了发明创造这件事，为什么创业也是年轻人的专利？原因除了年轻人从心理和激素来说，更倾向于冒险，这里还是个有趣的经济学问题。

假设有两个人都准备去创业，成功和失败的概率相同，一个是刚刚大学毕业的20岁的年轻人，总资产只有2万元，而另一个是40岁的中年人，有房有车还有孩子和妻子。

这个时候，他们自身的情况不同，对风险的理解也不同。年轻人会认为，虽然创业失败会赔上全部家当，但这也是赚取全部家当100倍利润的大好机会，这个险当然值得冒；而40岁的中年人却认为，可能倾家荡产，还连累老婆孩子，遭受的损失比年轻人高出100倍。他们面临相同的成功概率，但风险成本却大不相同。

随着阅历的增长，人们开始过于依赖经验，当我们一旦开始习惯性做决策时，

往往会出现问题,当年龄不断增加时,我们会越来越不想做过多认知性的努力,不想费脑筋深思熟虑。当我们脱口而出"这个我早就知道"时,就离探索精神越来越远。这不但在日新月异的科技和互联网领域,即便是人们以为需要长者睿智(如巴菲特)的投资领域,研究者考察了人们的投资行为,同样发现年纪越大做出的投资决策越不明智。也就是说,随着年龄的增长(巅峰年龄为42岁),人们投资实力却在下降。

年轻人最大的财富不仅在于更有想象力和创造力,还在于勇于尝试的冒险精神,他们能够不断试错,并从错误中学习。年轻时的失败终究是一种财富。(文/岑嵘)

## 脑力大爆炸

年轻时每个人都匆匆忙忙地想要成功,想要得到肯定,但机会一般都不会主动找上门,都需要付出努力去争取。一个人年轻时的容量比什么都重要,这决定了一个人生命的宽度,也决定了你将来能够建立的格局。趁年轻,不妨走出去,去尝试、去探索、去观察,去了解同一个世界不同的我们都在经历着怎样的生活方式。

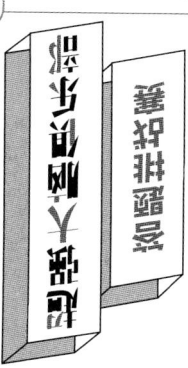

1. 本书装帧分为，5个章节各配图1组（√）图片，构成"看图来填词"。每组图片除了将士兵与车辆的名称和"看图来推理"的图片共同组成"天神"。

2. 各出5道5个名称，并将答案答卷交给我们，即有机会获赠价值400元"看图来推理"，套书册书共10本（随机）+《春林·涂图馆》套书全套（12本）。

3. 每月编辑部会在名者对题目的来稿中随机抽出2名幸运者，赠予"看图来推理"套书与《看图来填词》一书，每名读者可获得电子邮件或寄至 wzbmx@163.com, QQ、可通过 QQ254409362 加入"看图来推理"群，挂，加入该群体有关问题，入群请由您的"看图来推理的说"。